KB122899

혁명은 장바구니에서

MIRAI NO SYOKUTAKU WO KAERU 7NIN- OISHIKUTE ANZENNA
TABEMONODUKURI NI TYOUSENSITSUDUKERU NOUKATACHI
(未来の食卓を変える7人 ― 美味しくて安全な食べものづくりに挑戦しつ
づける農家たち)
by Masutaro Sakura

Copyright©2012 by Masutaro Sakura
All rights reserved.
Original Japanese edition published by Shoshikankanbou
Korean translation rights©2016 by Nulmin Books
Korean translation rights arranged with Shoshikankanbou, Fukuoka
through EntersKorea Co., Ltd. Seoul, Korea

이 책의 한국어판 저작권은 (주)엔터스코리아를 통한 저작권사와의 독점 계약으로
도서출판 눌민이 소유합니다. 신 저작권법에 의하여 한국 내에서 보호를 받는
저작물이므로 무단전재와 무단복제를 금합니다.

너와 나를 살리는 먹을거리
새로운 미래를 가꾸는 일곱 농부 이야기

혁명은 장바구니에서

마쓰타로 사쿠라 지음
황지회 옮김

눌민

프롤로그

농업의 미래를 생각하다

우리가 나아가야 할
농업은 자연과 생명의 농업

동일본 대지진으로 일본 농업은 큰 타격을 입었습니다. 게다가 언
제 또다시 재앙이 닥칠지도 알 수 없는 상황입니다. 이 문제 못지
않게 원전 사고로 인한 방사성 물질도 심각한 문제로 떠오르고
있습니다. 농민들은 흙을 뒤엎고 해바라기 씨를 뿌리는(해바라기
뿌리는 탁월한 흡수력을 갖고 있어 땅속의 세슘 137 등 방사성 물질을 빨아들
인다고 한다. 이렇게 흡수한 방사성 물질을 박테리아를 이용해 분해하거나 시
멘트에 넣어 굳힌다. 일본 우주항공연구개발기구의 우주농업 관련 연구진이
2011년 3월에 있었던 후쿠시마 원전사고 이후 해바라기를 이용한 방사성 물
질 퇴치 프로젝트를 계획하고 실행에 옮겼다. 1986년 체르노빌 원전사고 이후
에도 토지 정화를 위해 해바라기와 유채꽃이 활용된 바 있다. – 옮긴이) 등 방
사성 오염물질을 제거하기 위해 필사적으로 노력하고 있습니다.
그러나 확실한 해결책은 아직 찾지 못하고 있습니다.

  그 밖에도 우리에게는 TPP나 농민들의 경작지 포기, 유해한
먹을거리, 원산지 속이기 등 많은 어려운 문제가 남아 있습니다.
우리는 쌀, 채소 등 농작물을 먹지 않고 살아가기 어려운 존재입
니다. 그런 터라 이런 열악한 상황에서 오염되지 않은 신선한 농
작물을 먹고 영양을 섭취하는 일은 더욱 중요하고도 어려운 문제

가 되었습니다. 먹을거리로 무엇을 선택해야 할까요? 그리고 어떻게 먹어야 할까요? 이는 건강하고 행복한 삶을 위해 간과할 수 없는 굉장히 중요한 과제이기도 합니다. 그리고 이는 소비자인 우리 각자에게 달린 문제로 누구도 전적으로 신뢰하기 어렵게 되었습니다.

그렇습니다. 복잡다단하고 한 치 앞도 예측하기 어려운 현대사회에서 우리는 자신의 먹을거리 안전을 스스로 지키고 확장해가지 않으면 안 됩니다. '정부가 알아서 해주겠지' 하며 안일하게 생각하다가는 자칫 큰코다칠 수도 있습니다. 치명적인 원전 위기를 겪은 뒤 정부를 100% 신뢰하는 사람이 드물어졌습니다. 그러다 보니 정부가 말하는 것을 예전처럼 온전히 믿고 따르는 사람은 그리 많지 않은 것 같습니다.

기업도 예외는 아닙니다. 이권이 개입되기 쉬운 대기업 홍보물이나 미디어에서 쏟아내는 정보를 있는 그대로 받아들일 사람도 많지 않습니다. 넘쳐나는 인터넷 정보도 어느 게 맞고 어느 게 틀리는지 판단해 적절히 취사선택하지 않으면 안 됩니다.

요즘 농작물에 대해 많은 정보가 쏟아져 나와 사람들을 더욱 혼란스럽게 하고 있습니다. 농약, 비료, 종자 판매 등으로 이익을 극대화하며 소비자 식품 안전보다 자기 이익만을 우선시하는 식품제조 회사들과 왜곡된 기사를 무분별하게 쏟아내는 미디어가 그 주범입니다. 그들이 제공하는 잘못된 홍보나 기사를 무조건 믿고 소비하다 보면 자칫 건강의 위협을 당하게 될지도 모릅니다.

신선한 먹을거리에 특별히 관심을 두고 제품 하나하나를 꼼꼼히 살펴보며 안전 여부를 확인하다 보면 편의점이나 슈퍼마켓에서 식재료를 구매하는 일은 차츰 줄어들 수밖에 없게 될 겁니다. 가족이 먹는 음식에 어떤 원재료가 사용되었는지 등 구체적인 내용을 알게 되면 예전처럼 아무 제품이나 고를 수는 없게 될 테니까요. 안전한 먹을거리를 찾아 유기농매장이나 자연식전문점 등을 찾는 사람이 점점 많아지는 것도 그래서입니다.

축산업 상황도 심각하기는 마찬가지입니다. 살아 있는 가축을 오로지 '상품'으로만 취급하는 농가가 적지 않다는 것이 문제입니다. 농장에서 소나 돼지, 닭을 자식처럼 소중하게 여기며 정성껏 키우는 농가도 없는 건 아닙니다. 그런 농가는 상대적으로 훨씬 안전할 겁니다. 아무튼, '동물복지animal welfare'라는 단어는 이러한 축산업 행태에 경종을 울리고 있습니다.

평소 우리가 먹는 달걀은 어떤 환경에서 생산될까요? 그걸 명확히 알아보자면 먼저 달걀 포장지를 꼼꼼히 살펴보는 것이 좋습니다. 단언하건대, '유정란' 또는 '방사 유정란'이라고 쓰여 있지 않은 것은 대부분 '케이지 사육' 방식으로 생산된 달걀이라고 보아도 무방할 겁니다.

케이지 사육이란 작은 닭장에서 닭을 기르는 것을 말합니다. 보통 A4 용지 크기의 공간에 닭 한 마리를 사육하는데요. 많을 때는 그 비좁은 공간에 한꺼번에 두 마리를 넣어서 거의 움직이지도 못하는 상태로 닭을 키웁니다. 이런 환경에서 닭이 극도의 스트레스를 받는 것은 당연하겠지요. 그러다 보면 한계 상황이 찾아오고 옆에 있는 닭을 공격하게 됩니다. 닭이 서로 싸우다가 상처 입어 상품 가치가 떨어지는 일을 방지하기 위해 닭의 부리를 잘라버리는 일도 많습니다. 이것을 '부리 자르기beak trimming'라고 부르지요. 개탄할 일이 아닐 수 없습니다. 닭은 돈 버는 데 필요한 상품일 뿐 생명이 아닌가요?

닭은 햇볕을 쬘 수 있도록 앞마당에 풀어놓고 키워야 합니다. 그러나 케이지 사육을 하는 농가에서는 그게 불가능하다고 말합니다. 닭이 질병에 걸리지 않도록 관리해야 하므로 그런 방식으로는 키울 수밖에 없다는 겁니다. 그들의 주장이 과연 타당할까요? 닭에게 극도의 스트레스를 주고 열악하기 그지없는 환경에서 면역력이 키워진다는 주장이 설득력을 가질까요? 실제로 항생물질, 호르몬제 등 축산업과 관련된 심각한 문제점이 끊임없이 드러나고 있습니다.

의문을 품고 관련 서적이나 인터넷 등을 찾아보면 꽤 많은 유용한 정보를 얻을 수 있습니다. 요즘 먹을거리 관련 분야에서는 농약, 화학조미료, 식품첨가물 등과 관련하여 믿기 어려울 만큼 충격적인 일들이 곳곳에서 일어나고 있습니다. 그런 현상을 지켜보다 보면 지금까지 당연하다고 여겨온 것들이 실은 근본부터 무너지고 있다는 위기감마저 느끼게 됩니다. 먹을거리의 안전 문제는 우리 각자의 선택과 노력에 달려 있습니다.

우리는 먹을거리의 안전 문제를 지키기 위해 어떤 일을 할 수 있을까요? 먼저, 좋은 농산물과 나쁜 농산물을 구별하는 눈을 키워야 합니다. 그리고 좋은 먹을거리를 공급하는 생산자를 지지하고 응원해주어야 합니다. 그들이 재배한 식재료를 적극적으로 구매할 뿐만 아니라 주위에도 입소문을 내야 합니다. 그래서 그 좋은 농산물이 시장에서 잘 팔릴 수 있도록 해야 합니다. 아무리 좋은 농산물이라도 소비자가 관심을 두고 적극적으로 구매하지 않으면 시장에서 살아남을 수 없습니다. 이내 사라져버리고 맙니다. 그런 일이 반복되다 보면 얼마 지나지 않아 아예 좋은 농산물을 시장에서 찾아보기 어렵게 됩니다. 구체적인 예를 들자면, 소비자가 유정란이나 방사 유정란을 적극적으로 찾고 구매한다면 케이지에서 사육된 닭은 차츰 사라질 것입니다. 물론 유정란이나 방사 유정란이 무조건 좋다는 얘기는 아니지만요. 말하자면 그렇다는 겁니다.

인간의 먹을거리를 생산하는 농업은 '생명'의 근원이며 삶을 지탱해주는 매우 소중하고도 중요한 분야입니다. 여기에 무조건 경제적 논리를 적용하고 이익과 손해의 관점으로만 접근하는 것은 명백히 잘못된 일입니다. '생명'의 핵심을 이루는 농업과 음식 산업은 마땅히 잘 지키고 이어가야 할 중요한 영역입니다.

그러나 '생명'을 중심에 놓고 바른 정보를 선택하려고 해도 현실이 생각만큼 녹록지 않은 것도 사실입니다. 그도 그럴 것이 거의 농가의 숫자만큼 많은 농법이 있고 농민들은 해마다 농약이나 비료를 바꿔가며 농사를 지으므로 무엇이 바른 것인지 구별하기조차 어려울 때가 많기 때문입니다. 게다가 그 농법도 기후나 농업기술이 바뀜에 따라 매년 달라지므로 전체적인 상황을 제대로 파악하며 실행에 옮기기 어렵습니다. 이외에도 종자나 농약, 비료 문제 같은 좀 더 구체적이고 현실적인 문제도 산재해 있습니다.

바로 이러한 문제의식에서 출발해 제가 이 책을 쓰게 되었습니다. 이러한 다양성을 그대로 인정하지만 제 나름대로 이 '혼란스러운 상황'을 조금이나마 정리하고 싶었기 때문입니다.

4~5년 전쯤, 어떤 계기로 전국적으로 널리 알려진 유명 농가와 일반 관행 농가, 유기농 레스토랑, 자연 식품점 등을 본격적으로 취재할 기회가 있었습니다. 저는 '인간은 무엇을 먹어야 하는가?'라는 화두에 대한 답을 얻고 싶었습니다. 그런 터라 유기농업에

관해 자세히 알아보고 싶었고, 평소 만나고 싶었던 유기농가를 대부분 만날 수 있었습니다. 농가뿐만이 아니었습니다. 그 농작물을 식재료로 사용하는 레스토랑 셰프나 자연 식품점을 운영하는 사람들도 많이 만났습니다. 그들과의 인터뷰는 '인간은 무엇을 먹어야 하는가?'라는 의문에 대한 해답을 찾는 데 큰 도움이 되었습니다. 당시의 인터뷰를 통해 생산자와 소비자의 두 가지 상반된 관점을 가진 사람들에게 '생명의 목소리'를 들려주고 싶었습니다.

취재하면서 알게 된 것은 사람은 누구나 저마다 '유기농'에 관한 자기만의 판단 기준과 가치관을 따르고 있다는 사실입니다. 물론 국가나 공식 기관에서 마련해놓은 유기농에 관한 명확한 정의나 범주, 규격 같은 게 존재하지만 그런 것과 별개로 개인의 판단 기준과 가치관이 존재하는 겁니다.

충격적인 사실은 자신을 전문 농업인이나 유기농 전문가라고 당당히 소개하는 사람들조차 주장하는 논리가 제각각이라는 겁니다. 특히 이 분야의 정보를 다루는 언론은 날카로운 분석이나 비판 등의 여과장치 없이 '현장 분위기'를 전달한다는 느낌으로 정보를 무분별하게 발송합니다. 이렇게 되면 일반 소비자는 무엇이 옳은지 그른지 알 수 없을 뿐만 아니라 좋은 농산물을 선별하고 선택 및 구매할 수 없게 됩니다.

대다수 인간은 자기 눈앞에서 벌어지는 현상을 일단 '정답'이라고 믿어버리면 좀처럼 의심하지 않습니다. '자신이 신뢰하는 사람이 추천했기 때문에', '친한 사람이 권해주었기 때문에', '왠지 모르게 그 말이 맞는 것 같아서' 등 이유는 다양합니다. 이런 식으로 농민은 농민대로, 소비자는 소비자대로, 자연 식품점 주인은 주인대로 잘못된 정보를 믿고 따르기 때문에 문제는 더 심각해질 수밖에 없습니다.

지금까지 나는 자연환경 보전과 생물 다양성을 공부해왔습니다. 취재를 통해 환경 분야의 대가나 현장에서 활동하는 사람들을 자주 만나 이야기도 나누었습니다. 살아 있는 현장의 목소리를 통해 산이나 바다, 숲이나 강, 호수의 생태계가 어떻게 생성되는지도 배웠습니다. 그리고 '자연환경 보전'의 측면에서 농업과 먹을거리에 관한 새로운 관점을 갖게 되었습니다.

어떤 관점인지 궁금하지 않나요? 그것은 바로 '자연적인가?'라는 근원적인 질문입니다. 인간의 생명을 유지해주는 먹을거리가 '자연적'이지 않다면 지구 위에서 제대로 살아갈 수 없고, 우리의 미래 또한 암울할 수밖에 없다는 문제의식인 겁니다.

놀라운 것은, 인지도 높은 농가나 환경 분야의 대가들이 이 문제에 대해 대부분 한목소리를 내고 있다는 점입니다. 그들이 사용하는 언어의 최대공약수 부분, 그것이 우리가 나아가야 할 농업과 먹을거리를 생산하는 분야의 생생한 현실이 아닌가 싶습니다. 이 책에 반복해서 등장하는 사람들은 그 점을 명확히 보여주고 있습니다. 저는 이 책을 통해 독자 여러분에게 그 점을 느끼게 하고 싶었습니다.

유기농이
미래의 식탁을 바꾼다

이번에 소개하는 사람들은 모두 유기농에 종사하고 있습니다. 자연환경과 인간에 미치는 심각한 영향을 고려하면 농약이나 화학비료를 사용하는 현대 농법으로는 농업의 밝은 미래를 기대하기 어렵습니다. 또한 제2차 세계대전 이후 해외에서 들어온 농업은 오랜 일본 농업의 역사에서 듣지도 보지도 못한 일회성 농업이었습니다.

요즘 '유기농 채소', '무농약 채소'의 안전한 먹을거리와 본래 채소나 곡물이 지닌 감칠맛의 가치를 부각하는 농작물이 주목받고 있습니다. 그와 동시에 농약이나 화학비료 때문에 불안해하는 사람들이 늘어나고 있습니다.

그러나 아직은 전체적인 무농약 채소의 비중이 터무니없이 낮은 것도 사실입니다. 전국 250만 호에 달하는 총 농가 중에서 무농약 채소를 재배하는 유기농가(유기농 인증 마크 포함)는 약 1만 2,000호로 전체의 0.5%에도 미치지 못하는 실정입니다. 유기농 채소에 관심이 있는 사람들은 '이렇게 적었었나?' 하며 놀라워할지도 모르겠습니다. 다른 나라들과 비교해보아도 일본의 유기농 시장은 상당히 열악한 것이 현실입니다.

사람들은 요즘 '무농약', '무화학비료' 등의 용어를 자주 사용합니다. 말 그대로, 농약이나 화학비료를 전혀 사용하지 않는다는 의미인데요. 농약이나 화학비료의 유해성 문제는 우선 차치하더라도 도대체 왜 그런 것들을 계속 사용해야 하는지 곰곰이 생각해볼 필요가 있습니다.

결론부터 말하자면, 농약이 없어도 채소는 잘 자랍니다. 그런데도 농약과 화학비료 사용량은 조금도 줄어들지 않고 있습니다. 이유가 뭘까요? '농약이 없으면 채소를 키울 수 없다'고 생각하는 사람들이 아직도 많기 때문입니다. 그 이유에는 두 가지가 있습니다.

하나는, 그냥 그렇다고 믿는 것입니다.

내가 방문했던 곳은 대부분 무농약으로 채소를 재배하거나 관행농업을 하는 농가였습니다. 나는 그들에게 이렇게 질문합니다.

"무농약이 아닌가요?"

그러면 그들은 십중팔구 화를 내면서 이렇게 대답합니다.

"무농약으로 채소를 키우는 건 불가능합니다."

그러면 내가 이렇게 대꾸합니다.

"다른 농가들은 다들 무농약으로 재배하던데요."

그러면 난리가 납니다. "그런 농가들 말을 믿지 마라. 그들은 거짓말을 하는 거다"라며 목소리를 높입니다. 설령 인정한다 하더라도 "취미로 농사를 짓는 거라면 몰라도 제대로 된 영농에는 무리다"라고 하면서 무농약 채소를 전혀 인정하지 않습니다.

그러나 무농약 채소를 재배하는 농가에서는 농약을 사용하지 않는 것이 마치 당연하다는 듯 수확한 채소를 출하합니다. 농약을 사용하지 않았을 때 채소는 더 맛이 좋고, 안전하고, 농약 비용도 들지 않는 등의 이점이 상당히 많다고 그들은 말합니다.

다른 하나는, 해석 방법이 다르다는 점입니다.

먼저, 국가에서 만든 법률인 유기농 인증 마크 관련 법을 명확히 이해해야 합니다. 유기농 인증 마크 관련 법은 국가가 유기농 산물을 효과적으로 관리하고 규제하기 위한 법률입니다. 과수 등은 3년 이상, 채소 등은 2년 이상 화학비료나 농약을 사용하지 않은 논이나 밭에서 재배된 것을 기준으로 하고 있습니다. 또한, 국가가 정한 제3의 인증기관이 검사하여 합격한 농작물에만 '유기농 인증 마크'가 붙습니다.

유기농 인증 마크 관련 법을 잠깐 살펴볼까요? 유기농 채소는 완전 유기농으로 한정하지 않습니다. 사용이 허락된 농약에는 몇 가지가 있습니다. 결국, 농약을 사용해도 유기농 채소가 될 수 있는 겁니다. 그러므로 농약을 전혀 사용하지 않는 완전한 '유기농 채소'로 표시하면 유기농 인증받은 농가가 됩니다. 그 위에 "이 채소는 유기농 인증 마크 관련 법에서 인정하는 농약을 사용하지 않았습니다"라는 표시를 해야 합니다. 이러한 방법으로는 넘어야 할 턱이 지나치게 높을 수밖에 없습니다.

또한, 무농약을 사용하는 농가에서는 오래전부터 천연 농약을 사용하는 곳도 많습니다. "이렇게 식품에 가까운 것도 농약인가요?"라고 물어보았더니, 국가에서는 등록되지 않은 것을 사용하여 키운 채소는 유기농으로 인정하지 않는다고 하더군요. 따라서 식초나 탄산수소나트륨 등 식물에 영향을 주지 않는 것에도 '특정 농약'의 상표가 붙어 있습니다.

무농약으로 사과를 재배하는 것으로 유명한 기무라 아키노리 씨를 아시죠? 그는 사과 재배에 '식초'를 사용했는데, 이는 엄밀히 말하면 무농약 재배는 아닙니다. 굴 껍데기, 찻잎, 커피나 맥주 등의 식품 또한 '보류' 상태로 농약인지 아닌지를 아직 결정하지 못하고 있는 실정이기 때문입니다.

일본의 대부분 농가는 관행농업을 하고 있습니다. 따라서 국가적 차원에서 유기농업을 받아들이기 시작한 역사가 비교적 짧은 편입니다. 그러다 보니 자연스럽게 본질적인 의미에서의 유기농업 보급이 늦어지고 있는 것도 사실입니다. 일본 농림부의 유기농 인증 마크JAS: Japanese Agriculture Standard를 획득한 농가가 전국적으로 4,000호 정도밖에 안 된다는 사실이 그런 현실을 잘 보여주고 있습니다.

어쨌든 농약 없이도 얼마든지 채소를 재배할 수 있다는 것은 명확한 사실입니다. 그러나 사람들이 '그렇지 않다고 믿는 것'이 문제입니다. 일본의 농업 종사자 평균 연령은 65세 전후입니다. 대부분 농가가 수십 년 이상 이런 방식으로 농사를 지어왔습니다.

꽤 오랫동안 상식으로 받아들여졌던 것을 지금에 와서 틀렸다고 인정하기는 말처럼 쉽지 않습니다. 이는 농가의 수고와 노력을 알지 못하는 도시 사람이 이러니저러니 쉽게 말할 수 있는 문제가 아닙니다. 그런데도 사람들은 그렇게 합니다. 모두가 막무가내로 화를 내는 거죠. 30~40년간 자신이 해온 일을 부정당하고 싶지 않아 하는 것은 어쩌면 당연한 일일 겁니다.

사실은 모두가 알고 있었습니다. 그 때문에 아마 괴로웠으리라 생각합니다. 그렇지 않다면 화낼 필요도 없을 테니까요. 괴롭다는 것은 인정하고 싶어도 인정하지 않는 마음의 이면이 있기 때문입니다. 모두가 농약이 인체에 해롭다는 걸 체험을 통해 알고 있습니다. 가능하다면 소비자를 위해 농약을 치지 않는 것이 좋다는 것도 잘 알고 있습니다.

그러나 이것을 인정해버리면 지금까지 자신들이 해온 일을 부정하는 것이 됩니다. 그래서 괴로운 겁니다. '농약이 없으면 채소를 재배할 수 없다는 믿음'은 엄밀히 말하자면 사실이 아니라 그저 그렇게 생각하고 싶은 마음을 반영한 생각일지도 모릅니다. 자기 스스로 거짓되게 행동할 정도로 고집스럽게 믿어왔던 겁니다.

관행농업에 종사하는 농가의 사람들에게 전하고 싶은 말은 아직 늦지 않았다는 겁니다. 지금이라도 무농약 농법으로 바꾸어갈 것을 강력히 권합니다. 위에서 언급했듯이, 일본의 유기 농약은 0.5% 정도밖에 되지 않습니다. 그러니 지금부터 새로 시작해도 전혀 늦지 않습니다.

농약이 안전하다는 말은 과연 사실일까요? 건강한 사람이야 잘 모를 수도 있지만 혹시라도 소량의 농약에 영향받는 사람이 한 명도 없었을까요? 혹시 농약이나 화학비료 판매로 막대한 이익을 얻는 기업이나 조직에 세뇌당한 것은 아닐까요? 만일 그렇다면 당장 벗어나야 합니다.

한편 관행농업을 하는 사람이 자가소비용 채소만은 무농약으로 재배한다는 얘기를 종종 듣습니다. 놀라운 것은, 의외로 이런 사람이 많다는 겁니다. 출하용 채소는 절대 먹지 않고, 자신의 집에서 먹는 채소는 무농약을 고집합니다. 솔직히 말해서 나는 이런 농가를 마땅치 않게 생각합니다. 또한, 농약을 일상적으로 사용하게 되면 설사 그걸 먹지 않는다고 하더라도 인체에 영향을 받을 수밖에 없습니다.

양봉 농가를 취재하다가 알게 된 사실인데요. 벌은 소량이라도 농약을 맞으면 절대로 벌집에 들어가지 않는다고 합니다. 또, 어쩌다 잘못 들어가려고 하는 벌이 있어도 벌집 문 앞을 지키는 벌들이 들어가지 못하게 철저히 막는다고 합니다. 놀랍지 않은가요?

농약은 인간만이 아니라 생명이 있는 모든 것들에 끔찍한 피해를 줍니다.

그렇다고 관행농업을 완전히 부정하자는 얘기는 아닙니다. 농업에도 다양성이 존재해야 한다고 생각합니다. 관행 농가라서 무조건 나쁘고 유기농가라서 무조건 좋다는 의미는 물론 아닙니다. 다만, 다양성이라는 것도 자연과 인간의 관계에 모순을 일으키지 않아야 한다는 뜻입니다. 분명한 사실은, '농약' 사용은 확실히 자연과 인간에 모순된다는 겁니다.

사실 농민처럼 부지런한 사람도 없을 겁니다. 어쩌면 고도성장을 이끌어온 샐러리맨보다 이만큼의 풍족한 식생활을 이룩해온 농민들이야말로 오늘날의 풍요로운 일본을 일군 최대 공로자가 아닐까 합니다. 그만큼 하루하루의 노동이 힘들고 가혹했을 겁니다. 농약 살포도 사실 쉬운 일은 아닙니다.

농약 살포 얘기가 나와서 하는 말인데, 일반적인 농가에서 통상 어느 정도나 농약을 살포하는지 알고 있나요? 구체적인 수치를 들으면 아마 깜짝 놀라실 텐데요. 도쿄 부의 경우, 브로콜리에 모두 10회, 토마토에 15회, 가지에는 무려 35회나 농약을 사용한다고 합니다. 정말 놀랍지 않은가요?

사실 나도 구체적인 횟수를 알게 되기 전까지는 평균 2~3회에서 아무리 많아도 5~6회를 넘지 않으리라 생각했습니다. 그러나 내 추측은 완전히 빗나갔습니다. 이렇게 많은 양의 농약을 살포하려면 아침부터 해가 질 때까지 쉴 새 없이 작업해야 합니다. 농약 살포 외에 잡초 뽑기나 솎아내기 등 수확하기까지 다양한 일들이 기다리고 있습니다. 채소를 직접 키우는 것보다 '사서 먹는 편이 오히려 더 쌀지도 모른다'는 생각이 들 정도로 많은 노동력이 필요합니다. 많은 농민이 이런 고된 일들을 비가 오나 눈이 오나 바람이 부나 쉬지 않고 꾸준히 이어왔던 겁니다.

이 책은 미래의 식탁을 바꾸고 기쁨을 가져다주는 일곱 사람에 관한 책입니다. 절대로 과장된 이야기가 아닙니다. 일본의 농업에 관련된 사람들의 이야기인데요. 이들이야말로 세계의 농업 그 자체를 변화시키는 주역이라고 나는 생각합니다.

그러나 이들이 절대적인 정답이라고는 생각하지 않습니다. 이들의 농업을 '예스', '노'로 판단하지 말고 그저 가벼운 참고자료로 생각하며 읽어주시기 바랍니다. 나는 소비자뿐만 아니라 이미 농민들, 혹은 앞으로 농업에 종사하고자 하는 사람도 한 번쯤 읽어볼 만할 유익한 정보라고 생각합니다.

수준 높은 '문화'나 '환경상품', '농업제품'이 '경제'나 '공업 제품' 이상으로 중요성을 인정받는 시대가 오고 있습니다. 이 책을 통해 농업계에서 그러한 가능성을 발견하길 바랍니다.

목차

프롤로그   농업의 미래를 생각하다
4   우리가 나아가야 할 농업은 자연과 생명의 농업
           유기농이 미래의 식탁을 바꾼다

1   전통채소가 사라져가는 이유
이   전   F1 종 채소 vs. 전통채소
상   통
적   채   히피족 장례식에서 이상적인 커뮤니티를 발견하다
인   소
           를   먹을거리를 중심으로 하나 되는 커뮤니티
커   중
뮤   심   사라져가는 종자를 살려내기 위한 프로젝트
니   으
티   로   "우리 밭을 보러 가지 않을 텐가?"
           한   멸종 위기에 빠진 전통채소 '무코다마시' 부활 작전
27   개성이 빛나는 전통채소의 세계
           미슐랭가이드도 인정한 농가 레스토랑
           전통채소를 할아버지, 할머니들이 재배하는 이유
           일류 시골을 목표로

2   "벌레와 나눠 먹어야죠!"
최   제   유명 셰프들도 인정하는 채소
전   6
선   차   일본 최초의 농가 프렌치 레스토랑
을   산   비오 팜 마쓰키 레스토랑의 진짜 경쟁력은?
달   업
린   의   제6차 산업이라는 새로운 비즈니스로의 도약을 꿈꾸는 농업
다   65   '프로덕트 아웃' 시대는 가고 '마켓 인' 시대가 온다
           "옛 친구가 멀리서 찾아온 것처럼 서비스하세요!"
           농업 발전을 위해 성공 모델을 만들다

3

토지가 일으키는
치유의 기적

93

해발 530m의 산간 밭에서 키운 기요라 쌀
무농약 막걸리를 만드는 농가들
"어디에도 없는 희귀한 걸 선보이면 어떨까?"
비료는 병과 벌레를 부른다
다른 농가의 '시선'이 무농약 재배 확산을 막는다고?
농업 가공품을 만들고 수제 리스 교실을 열다
'애플민트와 허브농장'이라는 이름의 유래
자연에서 나온 좋은 재료를 사용해 만드는 바른 음식
살아 있는 모든 것이 '바른 일'을 하는 곳,
　미나미오구니초

4

밭을 무대로 활동하는
농부 아티스트

129

왕성한 생명력으로 깊은 맛과 감동을 선사하는 채소
우박도 견뎌내는 강인한 유럽 재래종
아이들이 맨발로 뛰어놀 수 없는 밭은 문제가 있다
'지속 가능한 농업, 지속 가능한 채소 키우기'를 목표로
하지 말아야 할 것을 하지 않는 독특한 농법
자신이 농민임을 자랑스러워하다
유명 레스토랑 셰프들이 오루도 아사마 채소에
　열광하는 이유
채소들에게 음악을 들려주는 농부

5

사람의 마음을 사로잡는 사랑 농장

전 세계를 놀라게 한 신토쿠 농장의 '사쿠라' 치즈
마음이 아픈 사람들을 치유하는 곳, 신토쿠 공동학사
사람을 변화시키는 중증 장애인 이치가와 씨
흙은 '느린 파장'으로 사람을 치유한다
뚝심 하나로 위스콘신 대학 입학에 성공하다
농업과 축산을 주요 전략으로 활용하는 미국
'이 녀석들, 할 수 있었잖아!'
163
물리학 전공자가 운영하는 신토쿠 농장
벚꽃 향기를 입혀 만든 독특한 치즈, '사쿠라'
이런 음식을 먹어야 아이의 마음이 자란다

6

자연 재배 농업의 미래를 변화시키는

자연에는 '비료'의 개념조차 없다
자연 재배에서 벌레는 '해충'이 아니라 '손님'이다
너무 진한 녹색 잎이 주는 위험신호
인간은 자연과 어떻게 공생할 수 있을까?
가혹한 농업연수와 밭떼기 도매
'자연 재배 법칙'으로 자기 안의 '독'을 제거한다
정말 맛있는 것은 혀가 아니라 몸의 세포 하나하나가
   느낀다
201
'식물을 입고, 식물을 먹고, 식물과 함께 살아가자'
불필요한 노력도 필요할 때가 있다

7

기적의 목장

우유가 아닌 생유를 출하하는

235

자연 그대로에 맡기는 완전 방목

왜 그 식품은 그 가격에 팔리는가?

착유가 아니라 100% 생유를 출하하는 목장

잡균이 거의 제로라 살균할 필요가 없는 생유

느린 소들의 속도에 맞추는 사람들

한 마리 한 마리가 다르듯 우유 맛도 제각각 다르다

생명과 자연의 원래 상태로 되돌리는 것을 궁극의 목표로 삼다

소가 자기 새끼한테 줄 젖밖에 나오지 않는 상태를 지향한다

우리 목장은 14명 중 12명이 여성이다

더불어 살며 짜는 자연의 젖

에필로그

262

인류의 미래는 올바른 농업에 달려 있다

귤을 만드는 것은 인간이 아니라 미생물과 귤나무다

깊고 험한 산을 인간이 간섭하기 전 상태로 돌리는 것만이
　　살길이다

273　　　참고문헌

옮긴이의 말

274

바꾸는 삶을 살기 위하여

278　　　미래를 바꾸는 농장·목장·레스토랑 리스트

1

전통채소를 중심으로 한 이상적인 커뮤니티

미우라 마사유키 요코 - 기요스미노사토아와
나라현 다카히 마을

전통채소가
사라져가는 이유

야마토(나라 지방의 옛 지명)가지, 이마이치순무(나라 지방의 전통 순무), 우헨(파의 일종)……. 야마토 지방의 '전통채소'들입니다. 전통채소란 에도 시대나 메이지 시대, 좀 더 거슬러 올라가 나라 시대부터 재배해온 그 지역 고유의 채소를 말합니다. 즉, 예로부터 일본인이 먹어왔던 채소입니다.

　서양 채소가 대부분을 차지하는 지금 이러한 전통채소는 거의 유통되지 않고 있습니다. 이따금 산지 시장에 나오거나 기본적으로 자가소비 채소로 몇몇 농가에서만 재배해온 것이 사실입니다. 대부분 사라진 품종이지만 극소량만이 대대로 전해져 내려오고 있습니다.

　이런 뒤안길로 사라져가는 전통채소를 부활시키고자 애쓰는 부부가 있습니다. 미우라 마사유키 씨와 요코 씨가 그들인데요. 이 책에 등장하는 농민 중에서 이들은 나이가 가장 어립니다. 농업 분야에서만 보면 40세 이전인 사람은 아직 젊은 부류에 속합니다. 밝고 맑은 얼굴을 가진 상냥한 부부는 자기 농장을 찾는 사람의 마음도 편안하게 해줍니다.

　나라 현 다카히 마을. 염소가 먼저 손님을 맞이하는 작은 언덕

에 두 사람이 운영하는 '기요스미노사토 아와'라는 이름의 레스
토랑이 있습니다. 이 지방에서는 누구나 알고 있는 유명한 레스
토랑입니다. 공식적 문헌에도 기록되지 않은 귀하디귀한 야마토
전통채소를 먹을 수 있는 몇 안 되는 레스토랑입니다. 예약은 늘
꽉 차 있어서 보통 한 달 전까지 만석이고, 연간 가동률은 95%에
달합니다. 그들은 2009년 나라 시내에 또 하나의 새로운 레스토
랑을 열었는데, 이곳 역시 한 달 전까지는 예약해야 합니다.

두 사람은 레스토랑 기요스미노사토 아와를 거점으로 주변 농
가 사람들, 레스토랑의 스태프 등과 같이 야마토 지방의 농가에
서 이어져 내려온 전통채소를 꾸준히 연구하고 정성껏 재배하며
종자 보존과 부활에 힘쓰고 있습니다.

그렇다면 전통채소란 무엇일까요? 예를 들어 쇼고인 무(교토
의 전통채소·교토를 대표하는 브랜드 채소로도 지정되어 있다) 쇼고인 순
무, 미브나(교토시 미브에서 나는 순무의 한 품종), 쿠조우파(교토의 전통
파), 망강지 고추(만간 지역에서 나는 고추) 등을 들 수 있습니다. 교토
의 전통채소라면 대부분 알고 있지만, 그 지역에도 그 토지에서
면면히 이어온 채소가 일본 각지에 있습니다.

가가(일본 이시카와 현의 남부지역의 옛 지방의 이름) 연근, 가나자와
잇뽀우 후토네기(파의 일종) 등의 '가가 채소', 노자와나(노자와의 채
소), 도가쿠시 무 등의 '신슈 전통채소', 시마락교 등의 '오키나와

언덕 위에 있는 레스토랑 '기요스미노사토 아와'

전통채소'로 분류됩니다. 어느 지역에나 이런 식으로 불려온 독특한 채소가 있습니다.

그러나 전통채소에는 대부분 정식 이름이 없습니다. 더구나 지역의 자치단체들이 독자적으로 인정하는 것도 적지 않아서 지방에 따라 인정 기준도 제각각 다르고 약간 모호합니다. 최근, 마을 살리기의 목적으로 자치단체가 필사적으로 전통채소를 홍보하고 있습니다. 그러나 실제로 도심의 채소가게나 슈퍼에서는 좀처럼 찾아보기 어렵습니다.

그렇다면 전통채소가 대중적으로 유통되지 않는 이유는 무엇일까요? 귀하디귀한 전통채소가 자꾸 사라져가는 이유는 또 무엇일까요? 그 이유를 모른다면 더 이상의 이야기는 진전되기 어렵습니다.

F1 종 채소 vs.
전통채소

F1 종이라는 용어를 들어본 적 있나요? 이는 하이브리드 종을 말합니다. 종묘회사가 생명공학 기술을 적용하여 인위적으로 만든 교배종입니다. 자연에서는 존재하기 어려운, 전혀 다른 환경에서

자란 채소들을 교배시켜 보기에도 좋고 수확량도 많고 병충해에도 강한 농작물을 생산하는 마법의 종자입니다. 일대 교배종이라고 불리는 경우가 많은데요. 다음 세대의 농작물은 대개 그 성질을 이어받지 못하고 품질이 떨어집니다.

결국, 일대밖에 사용할 수 없는 종자라서 농가들은 종묘회사에서 매년 종자를 사야 하는 실정입니다. 실제로 일본에서는 대부분 농가가 이 F1 종자를 사용합니다. 채소가게나 슈퍼마켓에서 판매하는 채소가 대부분 이 F1 종 채소인 겁니다.

F1 종 채소는 무엇보다도 재배하는 사람에게 맞게 조작할 수 있어 매우 편리합니다. 예를 들어, 질병에 강한 품종과 수확량이 많은 품종을 교배하는 식인데요. 이렇게 함으로써 좀 더 질병에 강하고 수확량도 많은 우량 품종을 만들 수 있습니다. 또한, 상자 크기에 맞춰 편리하게 출하할 수 있는 품종으로 개량하여 시장이 원하는 방향으로 생산할 수 있다는, 무시할 수 없는 장점도 가지고 있습니다. 게다가 최근에는 뛰어난 단맛을 자랑하는 품종을 개발하는 데도 성공을 거두었습니다.

F1 종 채소는 무엇보다 흠집이 없고 모양이 예쁠 뿐 아니라 유통하기도 쉽고 관리도 쉽다는 장점이 있습니다. 또한, 생육 속도를 빠르게 조절하기 위해 단기간에 재배할 수 있어 출하 시기를 조절하는 것도 가능합니다.

이에 반해 전통채소는 천천히 느긋하게 자랍니다. 수확 시기가 다른 데다 형태가 조리하기 어려울 정도로 너무 크거나 모양이 비뚤어져 있어 상품으로 판매하기 쉽지 않은 것도 많습니다. 게다가 F1 종 채소처럼 대량생산하기도 어렵고 단가도 꽤 높은 편입니다. 이런 이유로 전통채소는 F1 종 채소와 경쟁이 어려워 시장에서 차츰 사라져가는 겁니다.

비록 소량이기는 하지만 아직 전통채소가 남아 있는 이유는 무엇일까요? 답은 간단합니다. 맛이 좋기 때문입니다. 여러 가지 이유로 상품 가치는 떨어지지만, 일반적인 채소들에서는 맛볼 수 없는 뛰어난 맛을 지니고 있기 때문입니다. 농가의 사람들이 판매용이 아닌 자가 소비용으로 전통채소를 꾸준히 재배해온 것도 그래서입니다.

전통채소는 자가 채종이 기본입니다. 자가 채종이란 종자를 사다 뿌리고 심는 게 아니라 자신이 직접 재배한 작물에서 종자를 얻는 것을 말합니다. 자가 채종에 의해 얻어진 종자는 자연의 섭리를 지켜온 종자이므로 그 토지에 가장 적합한 종자일 수밖에 없고 독특한 풍미를 지니게 되는 겁니다.

더구나 농가의 사람들은 최대한 맛좋은 채소가 만들어지는 종자를 찾는 노력을 쉴 새 없이 반복해왔습니다. 그로 인해 전통채소는 일반 채소는 흉내도 낼 수 없는 아주 매력적인 채소로 자리매김하게 된 겁니다.

요즘 일부 농가에서는 F1 종 채소의 씨를 직접 받기 위해 많은 노력을 기울이고 있습니다. 그들의 이러한 노력은 물론 인정받을 만한 일입니다. 그러나 그들이 아무리 애를 써도 전통채소가 가진 독특한 풍미는 아마 따라잡기 어려울 겁니다. 왜냐하면, 전통채소는 획일화되지 않은 그야말로 '온리원only one' 채소이기 때문입니다.

최근에는 가끔 슈퍼마켓에 히라타 대파(후쿠시마 현을 대표하는 대파), 야츠가시라 토란(간사이 설음식에 사용되는 일반 토란보다 고가다. 육질이 단단한 편인데, 익히면 점액질이 적고 보슬보슬한 식감을 즐길 수 있다. 영양 성분도 일반적인 토란보다 더 많이 들어 있다.) 오우라 우엉(오우 지역의 점토질 토양에서 자라는데, 몸체는 짙은 색을 띠고 익히면 부드럽고 맛이 뛰어나다. 나리 타산 신 쇼지의 정진 요리에 빠지지 않는 필수 재료로 특별한 요리에 주로 사용된다.) 미우라 무(가나가와 현의 미우라 반도 특산 무의 품종. 육질은 조밀하고 부드러우며 쉽게 으깨지지 않아 조림과 어묵의 재료로 적합하다. 매운맛이 특히 강하다.) 등의 전통채소(전통채소의 F1 종도 있음)가 서양 채소와 섞여서 판매되기도 합니다. 이렇듯 상황은 천천히 변화해가고 있습니다.

점포 내에 있는 전통채소 자료관

히피족 장례식에서
이상적인 커뮤니티를 발견하다

꽤 긴 사연을 가지고 있는 '아와'의 미우라 부부가 전통채소를 연구·재배하고 보존하는 일에 앞장서기로 한 이유는 좀 더 오래되었습니다. 맨 처음 미우라 부부가 생각한 것은 '복지'였습니다.

원래 사회복지사 일에 관심이 많던 미우라 마사유키 씨는 '탄포포의 집'이라는 장애인의 예술 활동을 지원하는 복지시설에서 자원봉사를 하다가 아내 요코 씨를 만났습니다. 그들이 운명처럼 만났을 때 마사유키 씨는 사회복지를 전공하는 학생이었고, 요코 씨는 간호사가 되기 위해 공부하고 있었습니다.

두 사람은 많은 사람을 행복하게 해주는 커뮤니티를 만들고 싶었다고 합니다.

당시 마사유키 씨는 18세, 요코 씨는 20세였습니다. 처음 만난 순간, '언젠가 이 사람과 결혼해야겠다'고 생각한 마사유키 씨. 그녀는 요코 씨에게 그야말로 첫눈에 반해버렸던 겁니다. 그로부터 4년 후, 그들은 결혼에 골인했습니다.

이들 부부가 전통채소에 관심을 두게 된 것은 신혼여행 때였습니다. 그들이 신혼여행지로 선택한 곳은 캘리포니아 주의 버클리 Berkeley였습니다. 당시 버클리는 장애인을 위한 복지가 발달해 있는 선진 도시로 널리 알려져 있었습니다. 그들은 그 현장을 직접 눈으로 보고 체험하고 배우기 위해 신혼여행지로 이 도시를 방문하기로 했던 겁니다.

그러나 그들은 그곳에 오래 머물지는 않았습니다. 이후 지인의 소개로 싱키온Sinkyone을 방문하게 되었습니다. 싱키온은 관광객이 잘 찾지 않는 곳으로, 아메리칸 인디언들에게는 성지와도 같은 곳입니다. 아무튼, 두 사람은 우연한 기회에 그곳에서 히피족의 장례식에 참가하게 되었습니다.

히피족 커뮤니티에서는 가장 연장자인 여인을 '지혜의 주머니'로 여깁니다. 그 나이든 여인은 사람들에게 존경받으며 장례식을 진행합니다. 그들이 방문했을 때 '지혜의 주머니'의 주재로 장례식이 진행되고 있었던 겁니다. 여기에는 각 세대가 교류하는 횡적인 커뮤니티가 존재합니다. 세대와 관계없이 사람들은 각자 자신의 고유한 역할을 맡아 장례식에 참가하고 있었습니다.

그들은 서로 돕고 지지합니다. 서로를 진심으로 존중합니다. 삶의 보람을 느끼는 노인과 몸도 마음도 건강한 어린이들이 한데 어우러져 살아가는 곳. 마음이 따뜻해지는 커뮤니티. 여기에서 두 사람은 자신들이 이상적으로 생각해왔던 복지사회의 이상을 발견했습니다. 그것은 바로 일본 어디에나 존재하는 모습이기도 했습니다.

먹을거리를 중심으로
하나 되는 커뮤니티

두 사람은 텐트식 티피^{tepee} 보다 좀 더 큰 라운드 하우스^{round house}
에 묵었습니다. 벽에는 옥수수 종자가 걸려 있었는데, 무척이나
다양한 색을 띠고 있었습니다. 유심히 그 옥수수를 살펴본 뒤 그
들은 그것이 그곳에 아무 의미 없이 그냥 걸려 있는 게 아니라는
걸 알게 되었습니다. 이듬해에 밭에 심어 가꿀 씨앗이었던 겁니
다. 즉, 그렇게 벽에 걸어 말려 종자를 보존하는 것이었습니다.

아메리칸 인디언의 주식은 옥수수인데, 일본인에게 쌀과 같은
것입니다. 그들은 각각의 커뮤니티, 각각의 가족이 저마다 종자
를 계승해오고 있습니다. 대를 이어 자가 채종해온 '우리 집만의
종자'를 아내가 시집올 때 갖고 와서 그 종자를 이어가는 겁니다.
여자들은 종자를, 남자들은 농사짓는 법을 계승합니다. 그러한
전통이 그곳에 확고히 남아 있었습니다.

요코 씨는 다음과 같이 말했습니다.

"일본에서도 우리 어머니가 시집올 땐 종자를 지참했다고 해
요. 실제로 제가 어렸을 때 한 됫박 정도의 병에 종자가 가득 들어
있는 걸 본 기억이 있어요. 또 자기 가족의 식문화를 계승하기 위
해 지참물로 참깨 종자를 가지고 온 사람도 있었다고 해요. 일본

에서도 종자를 채집하고 계승하는 것은 여성의 일이었답니다."

선조들은 자가 채종을 위해 노력을 아끼지 않았습니다. 그중에서도 종자는 유구한 전통을 이어받아 토지에 가장 적합한 형태로 이어졌습니다. 그뿐만이 아닙니다. 본래 자기가 있던 곳에서 자가 채종하면 자칫 절멸할 수도 있는 위험이 도사리고 있습니다. 따라서 지역 전체가 공동으로 품종을 보존하여 종자의 다양성을 지켜내고 있다고 합니다.

생명의 양식인 먹을거리를 중심으로 커뮤니티는 하나가 됩니다. 아메리칸 인디언이 모여 사는 이 마을을 보면서 요코 씨는 자신이 자란 마을에서도 이처럼 노인을 존경하고 소중히 여기는 문화가 살아 있다는 깨달음을 얻었다고 합니다. 더 나아가 그들은 그 문화의 중심에 전통채소와 같이 있는 게 아니었을까 하는 생각이 문득 들었다고 합니다. 부부는 매일 이 주제에 관해 이야기를 나누다가 마침내 결론에 이르게 되었습니다. 마사유키 씨는 요코 씨를 돌아보면서 이렇게 말했습니다.

"오늘날 우리 사회에 이러한 커뮤니티와 전통이 사라졌다면 반대로 전통채소를 우리 힘으로 부활시키면 돼! 그리고 그 커뮤니티도 함께 부활시키는 거야! 우선, 적합한 장소부터 찾아보자고!"

사라져가는 종자를
살려내기 위한 프로젝트

나라 현 다히키 마을의 약간 높은 작은 언덕 위. 두 사람이 수없이 발품을 판 끝에 찾아낸 장소는 경작을 그만둔 지 40년도 더 지난 황폐한 차밭이었습니다. 댓잎과 대나무가 무성하게 자라 볕조차 잘 들지 않는 음습한 지역. 누구도 뭔가를 재배해보려고 엄두조차 내지 못하는 척박한 땅이었습니다.

　그러나 그 땅을 처음 본 순간, 마사유키 씨는 뭔가 정확히는 알 수 없지만 아주 강한 확신이 들었다고 합니다. '그래, 여기다! 여기가 바로 우리가 찾던 곳이다!'

　그 순간, 마사유키 씨의 머릿속에는 여러 가지 이미지가 떠올랐습니다. '이곳은 사라져가는 종자를 살려낼 만한 귀중한 장소가 될 것이다. 그리고 많은 사람이 이곳으로 모여들 것이다' 같은 선명한 이미지였습니다. 이들 부부는 자신들이 시작하는 프로젝트가 머지않아 세상을 변화시키는 귀중한 모델이 되리라 강하게 확신했습니다.

"우리 밭을
보러 가지 않을 텐가?"

마사유키 씨는 웃었습니다. 요코 씨를 보고 첫눈에 반한 그 순간처럼 어떤 의심도 들지 않았다고 합니다. 처음 본 그 순간의 떨림. 그 느낌.

처음 3년간, 그들은 거친 땅을 거의 맨손으로 개간하다시피 했습니다. 황폐했던 땅은 시나브로 그들이 고향에서 보았던 것과 같은 정겨운 풍경으로 변해갔습니다. 그렇게 그들은 땅을 개간하는 일에 열정을 쏟으면서 전통채소를 하나하나 조사하기 시작했습니다. 먼저, 농가에서 얻은 종자를 밭에 뿌려보았습니다. 그들은 본격적으로 채소 농사를 배우기로 했습니다. 아카메 자연 농학교의 가와구치 요시카쓰 씨 댁에 2년간 다니면서 하나에서 열까지 차근차근 배웠습니다. 그러는 사이, 모아두었던 돈은 차츰 줄어들기 시작했습니다.

아무리 생계를 위해 채소를 키운다고는 하지만 처음 농사일을 시작하는 사람들에게 그 일은 절대 녹록지 않았습니다. 자연농은 일반적인 농사와는 많이 다릅니다. 각각의 토지에 맞는 방법이 다 따로 있어서 그 지역의 원주민들에게 일일이 물어보며 해나가지 않으면 안 됩니다. 그때 두 사람을 멀리서 묵묵히 지켜보던 농가의 할아버지, 할머니들이 차츰 말을 걸어오기 시작했습니다.

"지금 뭐하는 거지?"

이웃 농가의 도리야마 에쓰오 씨와 이누이 준코 씨 형제, 그리고 근처에 사는 아오키 타다시 씨와 아케미 씨 부부였습니다. 이들 부부는 그들에게 채소를 키우면서 평소 궁금했던 것들을 하나하나 물었습니다. 도리야마 씨와 이누이 씨, 아오키 타다시 씨 부부는 기꺼이 채소 키우는 방법을 하나에서 열까지 자세히 가르쳐주었습니다.

어느 날, 채소 키우는 법을 열심히 배우고 있을 때였습니다. 그들 중 하나가 이렇게 제안했습니다. 도리야마 씨였습니다.

"그러지 말고, 우리 밭을 보러 가지 않을 텐가?"

도리야마 씨를 따라 그의 밭을 가보았습니다. 그 순간, 두 사람은 말문이 막혀버렸습니다. 그 밭에는 굉장히 다양한 종류의 전통채소가 자라고 있었습니다. 우-한(토란의 일종), 야마토 가지(나라 현에서 주로 생산되는 가지), 야츠가시라 츠쿠네이모(마의 일종), 야마토 삼척 오이, 개콩 등등. 놀랍게도 그 밭에는 지금까지 미우라 부부가 전통채소 종자를 꼼꼼히 조사하면서 간절히 찾던 채소들이 싱싱하게 자라고 있었던 겁니다. 정말 기적과도 같은 우연이었다고나 할까요. 그 밭은 바로 그런 기적의 토지였던 겁니다.

전통채소를 연구하고 부활시키기 위해서는 몇 가지 조건이 필

왼쪽 위에서부터

시모기타 하루마나

츠바오 우엉

이마이치순무 | 나라 현에서 가장
오래된 재래 순무 품종

야마토이모 | 야마토 토란

노가와 오이

아와키 타다시, 아케미 씨 부부

요했습니다. 그 밭에는 이들 부부가 간절히 알고 싶어 하던 모든 조건이 빈틈없이 갖춰져 있었던 겁니다. 그 조건은 다음과 같습니다. 첫째, 생산지에서 소비지(시장)까지의 거리가 가까운 곳이어야 합니다. 둘째, 산속에 있는 땅이어야 합니다. 산속의 땅은 높은 곳에 있어서 고지대에 맞는 품종이나 평지에서 자라는 품종 등 다품목 재배에 적합합니다. 셋째, 커뮤니티 베이스가 갖춰져 있는 곳이어야 합니다. 지역민들이 단결하여 일하고, 서로 마음이 통하고, 인간관계가 좋아야 제대로 전통채소를 재배하고 유지해 나갈 수 있기 때문입니다.

나라 현 다카히는 평화로웠던 일본의 전통이 면면히 이어져 내려오는 지역입니다. 이곳에는 각각의 자치회가 의기투합해 세운 연합자치회가 존재합니다. 이 자치회에서는 연장자 중 한 사람이 장로 역을 맡는데, 나이가 더 들어 그 일을 수행하기 어려워지면 후임자를 뽑습니다. 이 지역에는 장사 일하는 사람이 뜻밖에도 많습니다. 그들은 비록 전문이지는 않지만 취미생활로 채소를 즐겁게 키워왔습니다. 이렇듯 여러모로 이 지역은 전통채소를 보존하기에 최적의 장소였던 겁니다. 게다가 이노이 씨는 자가 채종의 진정한 전문가라고 할 만한 사람입니다. 이들 부부는 그 사실을 나중에 알게 되었다고 합니다.

멸종 위기에 빠진

전통채소 '무코다마시' 부활 작전

미우라 부부는 1988년에 NPO 법인 '기요스미노무라'를 설립했습니다. 그들은 황폐한 토지를 개간하면서 야마토 지방의 전통채소를 중심으로 '에어룸'이라고 불리는 해외의 전통채소 등을 본격적으로 조사하기 시작했습니다. 그들은 농가의 사람들에게 부탁하여 어렵게 4~5종의 씨를 구했습니다. 그리고 그걸 가지고 본격적으로 일을 시작했습니다. 참고로, 에어룸이란 '조상에게 물려받은 보물'이라는 의미입니다.

　미우라 부부는 마을의 농가들을 한 집 한 집 발품 팔아 일일이 찾아다니며 땅속에 묻힌 보물을 찾듯 쉬지 않고 사라진 종들을 찾아냈습니다. 그 과정에 두 사람은 그 지역에 뿌리내린 많은 전통채소의 존재도 하나하나 알게 되었습니다. 예를 들어, 나라 현의 가와니시 마을에서 재배된 '유우자키네브카'라는 이름의 잎파가 있습니다. 가와니시 마을은 무로마치 시대(1336년에서 1673년까지 일본을 통치했던 막부 시대 – 옮긴이)의 천재 연기자 겸 이론가 제아미에 의한 예능의 발원지로 다음과 같은 이야기가 전해 내려오고 있습니다.

무로마치 시대의 어느 날, 하늘에서 굉음과 함께 사찰의 내천 근처에 노인 얼굴 모양의 탈 하나와 파 한 다발이 떨어졌다. 마을 사람들은 탈을 마치 죽은 사람 장사 지내듯 정성껏 장사 지낸 다음 파를 땅에 심었다. 이후 그 파가 멋지게 자라서 유우자키네브카라는 지역 명물이 되었다.

전쟁 전까지만 해도 사람들은 유우자키네브카를 많이 키웠으나 이후 차츰 줄어들다가 마침내 사라져버려 지금은 환상의 채소가 되었다. 2002년부터 3년 동안 가와니시 마을 상공회가 마을 살리기 사업의 하나로 유우자키네브카를 찾기 시작했다. 그 과정에 그들은 우연히 이 채소를 키우고 있는 농가를 발견하였고, 그것을 마을 전체로 확산시켰다. 그리고 얼마 지나지 않아 그 채소는 전국적으로 유명해졌다.

이 파는 나라 현의 '좋은 지역 만들기 콘테스트 장려상'을 시작으로 많은 상을 받았다고 합니다.

"유우자키네브카는 재배가 까다롭고 손이 많이 가지만 무척 부드럽고, 식감이 좋으며, 독특한 단맛이 나는 파입니다."

마사유키 씨의 말입니다.

미우라 부부가 부활시킨 종자도 있습니다. '무코다마시'라는 조의 일종인데요. 조는 무논이 아니어도 재배할 수 있고 건조한

기요스미 마을을 지키는 밭의 신   유우자키네브카

땅과 한랭한 땅에서도 잘 자라므로 나라 현의 산속에서 주로 재배되어왔습니다. 나라 현에는 모두 여섯 종류의 조가 있는데, 그중에서도 '무코다마시'는 단연 최고 품질을 자랑하는 종이라고 합니다. 과거의 다른 조들에는 노란색이 많으나 '무코다마시'는 쌀처럼 흰색인 데다 찰기가 찹쌀과 비슷하기 때문입니다.

쌀이 귀중하던 시절, 이 조로 떡을 만들면 쌀로 만든 것처럼 보여 '남편'을 감쪽같이 속일 정도로 맛있었기 때문에 이런 이름이 붙여졌다고 합니다. 물론 예전에는 실내가 밝지 않아 진짜로 속일 수 있었을지도 모릅니다. 참고로, 쌀이 귀하던 시대에 쌀 1kg을 조와 교환할 경우 조 20kg이 필요했다고 합니다.

이런 환상적인 전통채소가 있다면 어디라도 달려가고자 했던 두 사람은 텔레비전 취재 시 "종자를 가지고 계신 분 없습니까?"라고 물었습니다. 그 후 얼마 지나지 않아 도츠가와무라의 70대 여성이 무코다마시 씨앗을 보관하고 있다는 것을 알게 되었습니다. 두말할 나위 없이 두 사람은 바로 달려갔습니다. 20년이나 지난 종자인데도 보존 상태가 매우 좋아 보였습니다. 덕분에 그 무코다마시 씨앗은 기적적으로 발아되었고, 그 후 미우라 부부에 의해 꾸준히 재배되고 있습니다.

개성이 빛나는

전통채소의 세계

"전통채소를 한마디로 표현하자면, 모양이 일정하지 않고 제각각인 것이 많다는 거예요."

마사유키 씨의 말입니다. 수량은 적지만 맛이 좋거나, 맛은 좋지만 수확하기에 번거롭고 손이 많이 가는 등 각각의 채소마다 독특한 개성이 있다는 겁니다. 예를 들어, '히모토우가라시', '무라사키토우가라시' 같은 채소가 그렇습니다.

많은 농가에서 재배하는 '만원사 고추'도 눈여겨볼 만합니다. 이 고추는 상대적으로 손이 많이 가지 않습니다. 수인 고추 1kg을 수확하는 시간에 만원사 고추를 재배하면 5~6배나 많은 양을 수확할 수 있기 때문입니다. 그러면서도 맛이 상당히 뛰어나므로 가정에서 주로 재배한다고 합니다.

전통채소는 환금성이 낮고, 손이 많이 가며, 재배 기간이 길다는 단점이 있습니다. 반면, 장점도 많습니다. 그러므로 단점보다는 장점에 초점을 맞추어 그 장점을 극대화하는 전략이 필요합니다. 개중에는 수확량도 적고, 맛과 풍미가 조금 떨어지더라도 재미있는 스토리를 지닌 채소가 있다면 그 스토리를 적극적으로 끌어내야 한다고 마사유키 씨는 말합니다.

구체적인 예를 하나 들어볼까요?

나라 현 고조 시에는 지역 한정품인 전통품종 '후지 콩'이 있습니다. 강낭콩의 한 종류인데, 똑딱단추 동전 지갑처럼 독특한 모양을 하고 있습니다. 식감과 풍미는 그리 좋지 않은 편이지만, 이 콩은 일본의 추석(음력 8월 15일)에 부처님에게 바치는 '7색 무침'이라는 음식에 절대로 빼놓을 수 없는 귀중한 식재료입니다. 말하자면, 맛이 뛰어나지는 않으나 전통행사에 꼭 필요한 중요한 콩인 겁니다. 이런 방식으로 지역에서 사랑받고 보존되어온 채소도 있습니다.

예전에 〈세계에서 단 하나뿐인 꽃〉이라는 제목의 노래가 크게 유행한 적이 있습니다. 유심히 살펴보면, 전통채소의 세계도 인간세계와 비슷하다는 걸 알 수 있습니다. 상대적으로 비교되는 것이 아니라 저마다 각자의 개성을 살려주고 존중해주어야 한다는 의미에서 그렇습니다. 채소라는 먹을거리 하나도 이러한 개성을 적극적으로 받아들이고 존중하려고 노력해야 합니다. 이런 자세와 방향성이 절실히 필요합니다.

지역의 아이들이 자기도 모르는 사이에 그런 자세를 배우고 인간세계에 활용할 수 있게 된다면 얼마나 좋을까요! 서로를 진심으로 존중하고 상대의 개성을 인정하는 그런 사회가 된다면 얼마나 좋을까요! 그렇게 된다면 따돌림과 범죄도 줄어들 것이고,

상대에게 상처를 주는 일도 사라질지 모릅니다. 전통채소를 통해 나는 그들이 생각하는 커뮤니티의 시작이 전통채소였다는 것을 좀 더 분명하게 알 수 있었습니다.

이렇게 미우라 부부를 시작으로 NPO 법인 '기요스미노무라'는 많은 전통채소에 대해 꾸준히 조사하고 있습니다. 지금은 지역 농가의 적극적인 협력자도 많아져서 약 40명의 회원을 갖춘 조직으로 성장했습니다. 그들은 에어룸을 포함한 연간 200종류 이상의 국내외 전통채소를 재배 및 보존하고 있습니다. 그리고 이 중 몇 가지가 야마토 채소로 나라 현에서 정식으로 인증받았습니다.

미슐랭가이드도 인정한
농가 레스토랑

미우라 부부는 좀 더 큰 꿈을 꾸기 시작했습니다. 그들이 야마토 지방을 부지런히 돌아다니며 전통채소를 조사하고 보존하는 활동이 어느 정도 궤도에 올랐을 무렵이었습니다. 그 연장선에서 그들은 농가 레스토랑을 열었습니다. NPO 법인에서 문화계승과 전통채소를 조사, 연구 및 보존하는 일에만 몰두하다 보면 자칫 일반 대중에게는 마치 먼 나라의 이야기처럼 받아들여질 수도 있지 않을까 하는 생각이 들었기 때문입니다.

레스토랑을 여는 데에는 무엇이 필요할까요? 우선, 레스토랑을 찾는 고객이 전통채소를 편하게 배울 수 있는 화기애애한 공간이 필요하리라는 데 생각이 미쳤습니다. 그 공간은 동시에 마을 사람들도 편하게 모일 수 있는 장소가 되어야 한다고 생각했습니다. 비록 자신들은 그곳 출신이 아니지만, 그 공간을 통해 마을에 관한 자세한 공부도 할 수 있다면 그야말로 금상첨화가 아닐까 여겼습니다.

고민 끝에 두 사람은 그 일을 실행에 옮기기로 했습니다. 이후에 주위 농가들과 구체적으로 그 일에 대해 상의했더니 "우리가 채소를 제공해줄게요" 하면서 적극적으로 도와주려고 했습니다.

2002년 5월 5일, '기요스미노사토 아와' 오픈. 일본에서 최초로 야마토 채소를 먹을 수 있는 레스토랑이 탄생했습니다. 이 레스토랑에서는 주위의 900평 남짓한 밭에서 200종류가 넘는 많은 채소를 재배하고 있어 갓 수확한 신선한 채소를 얼마든지 먹을 수 있습니다.

"'일립만배一粒萬倍'라는 말이 있습니다. '오늘 심은 한 알의 종자에서 많은 결실이 생기는 좋은 날'이라는 의미인데요. 이 말은 사실 '조'에서 유래했답니다. 그래서 우리는 '조'가 당연히 전통채소

와 사람들이 어우러져 화합하는 불씨 같은 장소가 되었으면 좋
겠다고 생각했습니다. 여기에서 벌어지는 일이 하나의 성공 모델
이 되어 많은 사람이 찾게 되기를 간절히 소망합니다."

마사유키 씨의 말입니다.

레스토랑을 오픈하고 9년이 지났을 때 『미슐랭가이드 오사
카·교토·고베』편의 2012년 판부터 나라 지역도 포함되었습니
다. 놀랍게도, 이때 '기요스미노사토 아와'가 미슐랭가이드 별 하
나를 획득했습니다. 전 세계 셰프들이 피땀 흘리며 기술을 익히
고, 언젠가는 꼭 별을 따고야 말겠다고 다짐하고 또 다짐하는 그
명예의 전당에 들어가게 된 겁니다. 이는 농가 레스토랑이라는
분야에서는 매우 이례적인 일입니다.

이미 전국적인 명성을 얻은 레스토랑이지만, 전 세계에 야마토
전통채소를 널리 알리는 계기가 되기도 했습니다.

전통채소를 할아버지, 할머니들이
재배하는 이유

맨 처음 레스토랑에 채소를 공급한 사람은 이웃인 도리야마 씨
와 이누이 씨, 조금 떨어진 곳에 사는 아오키 씨였습니다. 그러더

자연농가 부근의 '기요스미노사토 아와'

토란을 수확하고 있는 마사유키 씨

니 미우라 부부에게 협조를 아끼지 않는 농가가 하나둘 늘어났습니다.

2010년부터 그들은 가공시설과 직판코너를 신설했습니다. '아와'를 중심으로 전통채소를 재배하는 농가가 급속히 늘어나 현재 모두 12개 농가에서 이 레스토랑에 채소를 제공하고 있습니다. 더 나아가 종자를 채집하는 농가도 생겨났습니다.

"농가들도 제각기 잘하는 분야가 있어요. 무를 잘 키우는 농가는 무 재배를, 순무를 잘 키우는 농가에는 순무를 부탁하지요. 토마토를 잘 키우는 농가에는 에어룸 토마토를 부탁하기도 하고요. 이런 식으로 일하다 보면 옆에서 지켜보던 다른 농가들도 재미있을 것 같다며 동참하기 시작한답니다."

요코 씨의 말입니다.

또 한 가지 무척 흥미로운 것은 전통채소 재배가 70~80세의 할아버지, 할머니를 중심으로 이루어진다는 점입니다. 전통채소는 자라는 속도가 늦어 빠른 작업 속도보다는 섬세한 손길이 필요하기 때문입니다. 숙련된 기술로 천천히 재배해야 하며, 그 나이에 맞는 손길이 절실히 필요합니다.

전통채소는 같은 종자를 심어도 싹이 나오는 게 일정치 않습니다. 즉, 시차를 두고 나오는 것이 많습니다. 따라서 보통 한꺼번에 수확하기보다는 그때그때 조금씩 수확하게 될 수밖에 없습니

히모 고추

레스토랑에서 전통채소에 둘러싸여 맛보다.

해외의 전통채소 에어룸 토마토

다. 그 덕분에 가게에서는 사시사철 신선한 채소를 받을 수 있습니다.

"순서대로 자라니까 쉬엄쉬엄 천천히 수확할 수 있지요. 모든 채소를 한꺼번에 수확하려면 무척 힘이 들겠지만, 차례차례 자라니까 우리 같은 노인들도 무리하지 않고 일할 수 있어요."

일을 도와주시는 할아버지와 할머니 들이 자주 하시는 말씀입니다.

농사일을 이어받지 않고 도시로 나간 할아버지, 할머니의 자식들이 전통채소 소식을 듣고 고향으로 돌아와 농사일을 배우기 시작했다는 이야기도 들었습니다. 전통채소 재배는 산업적인 측면에서 보아도 상당히 매력적인 일입니다. 농업이 정식 사업으로 충분히 매력적인 데다 전통채소를 재배하며 고향에서 가족들, 지인들과 한데 어울려서 행복하게 살 수 있으니 그들이 선뜻 그런 선택을 할 만도 합니다.

일류 시골을
목표로

다음 단계로 두 사람이 생각한 것은 지금까지 개개인으로 이어

져 왔던 농가들을 하나로 모으는 일이었습니다. 그들은 '오곡영
농협의회'라는 영농그룹을 발족시켜 종래의 '아와'와 '오곡 영농
협의회'로 농상공이 연합하는 형태를 만들고 싶었습니다.

"10년도 넘게 걸릴지 모르지만 마을 사람들과 농업을 중심으
로 생활하는 베이스를 만들고 싶었어요. 씨줄과 날줄처럼 서로
조화를 이루는 근사한 마을을 만들고 싶었지요. 이웃 농가의 할
아버지, 할머니를 만나면서 시작된 우리의 활동도 이젠 그다음
세대, 또 그다음 세대로 점차 확장돼가고 있답니다. 어떤 사람은
레스토랑에 일하러 오기도 하고, 또 어떤 사람은 아이들을 데리
고 놀러 오기도 하지요."

마사유키 씨의 말입니다. 그는 계속 말을 이어갔습니다.

"이제부터 커뮤니티는 같은 가치관을 지니고 있고 같은 생각
을 하는 사람들이 모여서 네트워크를 만들거나 커뮤니티를 만들
어가는 '가치관의 땅'이 될 수 있으리라 생각합니다. 그 중심에 전
통채소가 있답니다."

그들은 '주변인, 젊은이, 실패자'라고 불리는 도시의 젊은이들
이 유턴(시골→도시→시골)하거나 아이턴(도시→시골)한 젊은이들
이 외부의 관점에서 지역사회의 보물을 발견하게 될 거라는 새로
운 기대를 품고 있습니다. '아와'가 뜻밖에도 이렇듯 성공적으로
자리매김한 것도 그런 뜻을 같이하는 사람이 모이고 일류 도시

를 목표로 하는 것이 아니라 일류 시골을 목표로 하고 있다는 걸 이해했기 때문입니다.

미우라 부부의 궁극적인 목표는 넓은 의미의 '복지'입니다. 농업을 중심으로 지역의 커뮤니티를 활성화하고, 한평생 전통채소를 키우며 살아오신 할아버지, 할머니가 젊은이들에게 존경받는 풍토를 만들고, 아이들과 어른들이, 그리고 가족 모두가 함께하는 세상을 만드는 것. 이를 위해 두 사람은 성공 사례들을 적극적으로 홍보에 활용하고, 종종 다른 지역을 찾아가 자신들의 경험을 전달하고 공유하며 적극적으로 정보를 교류합니다.

"우리는 억만장자를 꿈꾸지도 바라지도 않아요. 어떤 사람들은 종종 도대체 언제까지 당신들이 직접 밭을 경작할 거냐고 묻곤 하죠. 그러나 밭을 직접 경작하지 않으면 뭔가 크게 어긋나버리지나 않을까 하는 걱정이 생깁니다. 이 마을의 가장 좋은 점은 아무리 사람들에게 존경받는 훌륭한 장로라도 자신의 밭을 남에게 맡기지 않고 직접 경작한다는 데 있답니다. 게다가 이렇게 재미있는 것을 그만둔다는 건 생각조차 해보지 않았거든요. 그래서 지금도 우리는 충분히 행복해요!"

마사유키 씨의 말입니다.

'아와'의 매력을 한마디로 말하기는 어렵지만, 이곳은 야마토 지방에서 가장 야마토다운 장소인지도 모릅니다. 이 레스토랑에

레스토랑 주변에는 900여 평의 밭이 있다.

주변농가와 긴밀한 유대 관계를 맺고 있는 미우라 부부

서 야마토 지방의 매력적인 전통을 계승하기 위해 애쓰며 우리는 독특한 기운 같은 것을 느낍니다. 또한 옛날의 야마토 지방, 더 넓은 의미에서 보자면 옛날의 일본은 이렇게 풍부하고 맛있는 음식이 넘쳐나는 독특한 식문화를 가지고 있었다는 것도 알게 됩니다.

우─한을 한입 가득 머금으면 끈적끈적한 깊은 맛이 납니다. 이것은 다른 토란에서는 절대로 맛볼 수 없는 독특한 경지입니다. 또한, '아와나리'라는 이름의 무코다마시를 사용한 화과자는 깜짝 놀랄 만큼 맛있습니다. 무코다마시의 찹쌀 같은 식감과 아와의 독특한 풍미가 한데 어우러져 빚어낸 독특한 맛입니다. 입에 넣고 가만히 맛을 음미하면 흐드러지게 열린 커다란 이삭이 바람에 천천히 나부끼는 모습이 눈에 어른거리는 것만 같습니다. 이세에는 아까후쿠가 있으나 야마토의 이 아와나리는 '시로쿠후'로 유명하게 될 날도 멀지 않았다고 생각합니다.

| 미우라 마사유키 | 1970년생. 교토 부 마이즈루 시에 서 태어났다. '장애인 자립생활연구 소'에서 근무를 마친 뒤 1998년에 NPO 법인 '기요스미노무라'를 설립 했다. 2002년, 야마토 전통채소를 먹을 수 있는 레스토랑 '기요스미노 사토 아와'를 오픈했고, 『미슐랭가 이드 오사카·교토·고베』의 2012년 판에서 별 하나를 획득했다. |

| 미우라 요코 | 1968년, 나라 현 요시노 군에서 태 어났다. 간호사를 거쳐, 남편 미우라 마사유키와 함께 1998년 NPO 법인 '기요스미노무라'를 설립했다. |

삿포로

도쿄

교토 나고야
히로시마
오사카
후쿠오카

제6차 산업의 최전선을 달린다

마쓰키 가즈히로 씨 - 비오 팜 마쓰키
시즈오카현 후지노미야시

"벌레와 나눠
먹어야죠!"

후지 산 남서쪽 기슭, 후지노미야 시. 이곳은 아마도 일본에서 언론에 가장 많이 소개된 유명 농가가 아닐까 싶은데요. '비오 팜 마쓰키'의 마쓰키 가즈히로 씨는 이곳에서 농사를 짓고 있습니다. 그는 거의 날마다 농업 및 먹을거리와 관련하여 텔레비전, 신문, 잡지 등 여러 매체에 출연하여 농업의 실태, 농민으로서 살아가는 즐거움 등을 이야기합니다.

비즈니스로서 농업의 가능성, 농사지으며 사는 일의 무한한 즐거움 등을 유창한 말솜씨로 전달하는 마쓰키 씨의 이야기를 듣다 보면 농업 세계의 판도가 한눈에 그려지고 이제까지와는 전혀 다른 인식을 하게 됩니다. 또한, 농업이라는 비즈니스의 장래가 매우 밝게 느껴지기도 합니다. 이렇다 보니, 여러 매체가 수시로 이곳 비오 팜 마쓰키를 방문하는 것도 당연합니다. 아직 그 수는 적으나 일본에는 몇몇 유기농가가 존재합니다. 그중에서도 비오 팜 마쓰키는 단연 가장 주목받는 농가이며, 유기농의 '표본과도 같은 곳입니다.

이번에 마쓰키 씨를 소개하는 이유가 궁금할 텐데요. 마쓰키 씨가 어떤 방식으로 농사를 짓는지 이해하는 것은 유기농업 현장과 마케팅 동향을 파악하는 데 크게 도움되는 일이기 때문입니다.

마쓰키 씨는 도쿄의 에비스에 있는 유명 레스토랑인 조엘 로부숑의 제1대 사장을 지냈습니다. 그는 17년간 유명 호텔과 레스토랑의 사장을 지내기도 했습니다. 그런 마쓰키 씨가 농업으로 전업한 것은 1999년의 일이었습니다. 현재 마쓰키 씨의 밭은 1만 1,000여 평에 달합니다. 그는 이 밭에서 무농약, 무화학비료를 사용하여 연간 80종이 넘는 채소와 허브를 재배하고 있습니다. 채소 씨앗 껍질, 쌀겨, 굴 껍데기 등을 비료로 사용합니다.

그는 이렇게 말합니다.

"무농약 농업이라고 해서 꼭 엄청나게 많은 노력과 시간이 드는 건 아니에요."

양배추를 10개 심어 10개 수확하려는 것이 관행농업이라면 유기농업은 10개 심어 7개만 거둬도 충분하다는 생각에서 출발합니다.

"벌레와 나눠 먹어야죠."

마쓰키 씨는 웃으며 말합니다.

'비오 팜 마쓰키'의 채소는 맛이 좋기로 정평이 나 있습니다. 여기에는 몇 가지 비결이 있는데요. 첫째, 후지 산기슭이 한랭지인 데다 배수가 좋다는 점. 둘째, 퇴비를 만들고 토양을 비옥하게 만드는 기술이 뛰어나다는 점. 여기에 한 가지를 추가하자면, 무엇보다 마쓰키 씨가 식재료에 관한 한 타의 추종을 허락하지 않을 정도로 최고 프로라는 점입니다. 오랜 기간 호텔과 레스토랑 사장으로 일한 경험이 바로 채소 품종을 선택하는 일로 이어진 것입니다.

오쿠라나 오이도 정확하게 말하자면 '마루사야 오크라', '시바오이'라는 이름의 특이한 품종입니다. 그 밖에 '오우라 우엉'이라는 이름의 전통채소도 있습니다. 토마토 중 방울토마토를 '니타키코마'라는 이름의 가공용 토마토와 나누어 구분하는 것과 같은 이치입니다. 특히 '니타키코마'는 재배하기도 좋은 토마토인데, 껍질은 두껍고 육질은 젤리 형태가 적어 토마토소스나 드라이 토마토와 같은 가열 조리에도 적합합니다. 결국, 조리 방법이나 판매하는 시장을 고려하여 품종을 선택한다는 겁니다. 이러한 방식을 일반적인 농가에서 사용하기는 절대 쉽지 않습니다.

유명 셰프들도
인정하는 채소

1만 1,000평에 달하는 마쓰키 씨의 밭은 한 곳에 있는 땅이 아닙

유채를 수확하는 마쓰키 씨

니다. 모두 20여 곳에 분산되어 있습니다. 처음에 그는 40아르(약 1,200평)에서 시작하여 조금씩 밭을 늘려나갔습니다. 뜻밖에도 이곳에서는 밭을 구하기가 녹록하지 않습니다. 이곳 사람들은 새로 농사지으려는 사람에게 좀처럼 밭을 빌려주려 하지 않기 때문입니다. 이렇듯 시골에서는 이미 형성된 커뮤니티와 그 안에서의 인간관계가 워낙 탄탄하고 끈끈하여 낯선 사람을 쉽게 받아들이지 않는 경향이 있습니다. 그러나 마쓰키 씨는 농사를 준비하는 과정에 자신이 여러 번 상담했던 사무소의 농업위원이 친절하고 남을 돕기 좋아하는 사람이어서 운 좋게 토지를 임대할 수 있었습니다. 이후 그는 농지를 빌려준다는 사람이 있으면 만사 제쳐놓고 즉시 달려가 조금씩 늘려나갔습니다.

나는 여러 차례 마쓰키 씨를 취재·인터뷰했습니다. 그때마다 매번 그는 차에 태워 구릉지를 달리거나 여기저기 흩어져 있는 밭들을 구경시켜주었습니다. 그 밭들에는 각종 농작물이 자라고 있었습니다. 그중에는 거위농법을 하는 전답도 있었습니다. 밭 한 모퉁이에는 메뚜기가 펄쩍펄쩍 뛰어다니고, 개구리가 개굴개굴 울고, 곤충 소리와 거위 울음소리가 한데 어우러진 목가적이며 운치 있는 풍경이 펼쳐졌습니다.

운 좋게도 이곳에서 직접 수확하는 좋은 경험도 할 수 있었습니다. 레드문(껍질이 붉은 감자) 수확은 감동 그 자체였습니다. 채소를 캐내는 일반적인 수확과는 퍽 달랐는데요. 손으로 흙을 파 들어가는 그 촉감이 마치 보물찾기를 하는 것처럼 신기하고 신나게 느껴졌습니다. 흙은 여인의 속살처럼 부드러워 기분이 좋았습니다. 가만히 흙을 만지는 것만으로도 치유가 되는 것 같았다고나 할까요! 이 정도면 '농업 테라피'에 사용해도 손색이 없을 것 같았습니다. 검은 흙에서 붉은 감자가 하나둘 보이기 시작할 때의 짜릿함과 흥분은 그 무엇과도 비교할 수 없는 소중한 체험이었습니다.

얼마 후, 몇 명이 취재차 오크라나 오이를 따와서 그 자리에서 함께 "맛있다!", "진짜 맛있다!"를 연발하며 먹었습니다. 사람의 마음이 진실로 움직였을 때는 어린아이처럼 단순한 말밖에 나오지 않나 봅니다. 그 자리에 있던 다른 사람들도 모두 그 채소가 가진 생명력을 실감한 것 같았습니다. 그렇습니다. 그곳에서 우리는 살아 있는 채소가 전해 주는 놀라운 생명감을 오롯이 느끼고 있었습니다.

마쓰키 씨의 채소는 정말 맛있었습니다. 단맛이 농축된 맛이라고나 할까요! 평소 관행농업으로 재배된 채소나 일반적인 유기농 채소 등 꽤 다양한 종류의 채소를 먹어보았지만, 마쓰키 씨의 채소는 그때까지 내가 먹어본 채소 중 단연 최고였습니다.

나는 기본적으로 유기농업을 지지하는 편입니다. 그러나 이번 취재를 통해 농법과 관계없이 각각의 농가마다 채소 맛이 완전히 다르다는 걸 깨달았습니다. 유기농법이라서, 혹은 자연농법이라서 무조건 맛있는 것은 아니었습니다. 비록 관행농업 방식으로 생산한 채소라 할지라도 놀라우리만치 맛있는 채소를 재배하는 농가도 실제로 존재한다는 걸 알게 되었던 겁니다.

반대로 맛없는 유기농채소도 얼마든지 있습니다. 농사짓는 사람의 생각이나 기술에 따라 크게 달라질 수 있기 때문입니다.

미슐랭가이드 별 두 개를 받은 '다테루 요시노 시바'를 비롯해 유명한 레스토랑 셰프들이 모두 마쓰키 씨의 채소를 사용하는 이유도 충분히 이해가 됩니다. 실제로 마쓰키 씨의 채소는 '맛이 좋다', '사용하기 편하다'는 평판이 나서 수도권의 레스토랑들에서 주문이 쇄도하고 있다고 합니다. 그러니 자연스럽게 대단한 명성도 얻게 되었지요. 셰프들에게 특히 사랑받는 식재료로서 요리업계의 인기 채소로 자리매김한 겁니다.

일본 최초의
농가 프렌치 레스토랑

2007년. 마쓰키 씨는 직영 델리카센터 '비오델리'를 오픈했습니

택배로 배송된 채소들

일반적인 우엉보다 몇 배나 굵은 오우라 우엉

다. 비오 팜 마쓰키의 채소를 판매하는 매장입니다. 비오델리는 이 지역 여성 주민들에게 큰 인기를 얻고 있습니다. '레드문'이라는 감자는 프렌치 프라이드나 크로켓으로 사용됩니다. '마루사야 오크라'는 굽거나 튀겨내어 만든 채소 메뉴입니다. 그중에서도 레드문 프렌치 프라이드는 그야말로 별미지요. 진한 레드문 맛이 바삭한 튀김으로, 음식의 격을 높여줍니다.

2009년 12월, 마쓰키 씨는 맨 처음 산 1,000여 평의 토지에 레스토랑을 중심으로 한 가공소와 사무실을 개설했습니다. 그런 다음 바이오 화장실과 비오탑을 만들어 자연 에너지를 이용하는 순환형 유기농업 전시장 용도의 '비오 필드'를 시작했습니다. 그 필드 내에는 끝없이 펼쳐진 아름다운 밭을 볼 수 있는 프렌치 레스토랑 '비오스'가 있습니다.

비오스를 찾는 손님은 밭에서 재배되는 채소를 사용해 조리한 근사한 요리를 즐길 수 있습니다. 이 레스토랑은 농사력을 적용하여 24절기를 기본으로 연간 24절기 메뉴를 개발하기도 했습니다. 덕분에 특정 시기에 재배되는 가장 맛있는 채소를 사시사철 먹을 수 있습니다.

'이곳에서만 맛볼 수 있는 요리'는 레스토랑 비오스를 대표하는 메인 콘셉트 중 하나로, 채소 이외의 대부분 식재료를 인근 지역이나 후지노미야 시 주변에서 생산된 것을 사용합니다. 특이한 점은 후지노미야 시의 구누키 씨가 기른 송어 '은형 후지 레인보우'를 식재료로 사용한다는 겁니다. 송어는 병에 걸리기 쉬워 양식할 때는 대개 항생제를 먹여 키웁니다. 하지만 구누키 씨의 송어는 항생제를 전혀 먹이지 않는다고 합니다. 그는 한 마리 한 마리 정성을 다해 송어를 키웁니다.

나도 한두 번 양식장에 가본 적이 있습니다. 맑은 물에서 건강하게 헤엄쳐 다니는 송어를 보고 처음엔 깜짝 놀랐습니다. 내게 구누키 씨를 소개해준 사람은 구누키 씨의 송어를 주제로 연구 논문을 쓴 사람이었습니다. 덕분에 우리는 구누키 씨에게 크게 환영받으며 송어회도 넉넉히 대접받았습니다. 그날 식사는 그야말로 최고였습니다. 냄새도 거의 안 나고 고급스러운 맛이 나서 입안에서 살살 녹는 듯했습니다.

비오스는 농가에 의해 일본에서 최초로 개발된 본격적인 프렌치 레스토랑입니다. 이 레스토랑은 일반적인 농가 레스토랑과는 여러 면에서 확연히 다릅니다. 2011년 11월에 마쓰키 씨는 시즈오카 시내의 야키니쿠와 코코트를 중심으로 '비스트로 르 콘토와르 도 비오스'를 오픈했습니다. 그리고 이 일에 자신의 온 열정을 쏟았습니다. 그의 도전은 여전히 현재진행형입니다.

그릴 채소 등 비오델리의 모든 채소가 진열된
비오델리의 외관. 지역 주부에게 판매된다.

비오 팜 마쓰키 레스토랑의
진짜 경쟁력은?

'제6차 산업'이라는 말이 있습니다. 이것은 제1차 산업인 농업과 제조 및 제품 가공의 제2차 산업, 그리고 유통 및 소매의 제3차 산업을 모두 아우른 융합 농업의 개념입니다. 제1차 산업의 '1', 제2차 산업의 '2', 제3차 산업의 '3'을 더해도 곱해도 '6'이 나옵니다.

그런 의미에서 밭에서 수확한 채소를 가공하여 전국적으로 유통하는 마쓰키 씨는 진정한 제6차 산업 종사자라고 할 수 있습니다. 지금까지 그는 모두 여덟 권의 책을 출판했을 정도로 이론적으로도 상당한 수준을 자랑합니다. 그러다 보니 그는 자주 방송 등 언론 매체에 출연하기도 하고, 농림수산부 주최 공개 토론회 같은 중요한 행사에 주제 발표자로 참여하기도 합니다. 국가가 추진하는 제6차 산업에 관해 풍부한 경험과 실행력을 가진 마쓰키 씨는 강력한 영향력을 가지고 있어 비오 팜 마쓰키에는 사람들의 발길이 끊이질 않습니다.

마쓰키 씨가 가장 주력하는 영역은 레스토랑 운영입니다. 전날 밭에서 재배한 싱싱한 채소를 밭 안에 있는 레스토랑에서 먹는다는 것은 그 자체만으로도 참 멋진 일입니다. 이는 제6차 산업 중에서도 단연 최고봉이라 할 만합니다.

지금까지 농가들은 채소를 키우는 일에만 몰두해왔습니다. 그러나 최근 들어 자체적인 유통 시스템을 갖추고, 수확한 채소를 직접 가공하여 판매하는 사람들이 꾸준히 늘어나고 있습니다. 왜 이런 경향이 나타나는 걸까요? 채소 원가가 너무 낮아 예전처럼 재배만 해서는 생활하기가 어렵기 때문입니다.

최근 농림수산부가 환경·생태여행의 하나로 농가의 친환경 레스토랑 운영 사업을 추진했습니다. 여기에는 무시하기 어려운 약점이 존재합니다. 원래 농업과 레스토랑 운영은 완전히 다른 영역이기 때문입니다. 직접 농사지으며 채소를 요리하여 판매하는 방식만으로는 경영하기 어렵습니다. 더러는 고급스러운 요리를 제공하여 성공하는 사례도 없지는 않습니다. 그러나 실패하는 사례가 훨씬 많은 게 현실입니다. 성공을 위해서는 경영자의 자질과 음식점 운영에 필요한 감각, 상품의 브랜드 인지도 향상이 절대적인 요소라고 해도 틀리지 않기 때문입니다. 그 점에서 비오팜 마쓰키에는 모든 여건이 갖추어져 있습니다.

그중 하나가 최고 인기를 자랑하는 가공품 '바질 페스트'입니다. 밭에서 키운 바질에 직접 키운 마늘 등을 사용하여 페이스트 상태로 만든 건데요. 뚜껑을 여는 순간, 향기로운 바질 향이 주변으로 퍼져나갑니다. 이걸 파스타에 섞어주기만 하면 간단하고 맛있게 먹을 수 있는 상품이 되는 겁니다. 잡지《블루투스》에서 취

레스토랑 비오스

좌석 수는 총 26석으로, 8석의 룸도 있다.

급하는 상품 중에서 그랑프리를 수상한 덕분에 요즘에는 만들어지는 순간 곧바로 매진됩니다. 더구나 6월에서 10월까지만 생산하므로 팬들은 매년 이때를 손꼽아 기다립니다. 그동안 바질 페스트는 수입품만 있었습니다. 그런 터라 일본산 바질 페스트는 일종의 희귀 제품으로 인식되고 있습니다. 일본산 바질 페스트 사업의 아이디어를 맨 처음 떠올린 사람도 마쓰키 씨였습니다. 식품 업계와 농업계 양쪽을 손바닥 보듯 알고 있기에 가능한 일이었습니다.

제6차 산업이라는 새로운 비즈니스로의
도약을 꿈꾸는 농업

비오 팜 마쓰키는 '당근 주스'로도 유명합니다. 기온 차가 큰 후지 산기슭에서 농축된 단맛이 매력적인 주스입니다. 당연히 무농약으로 재배한 당근에서 짜낸 주스입니다. 이 당근 주스는 OEM 방식으로 외부 공장에서 소량 생산됩니다. 외부에 위탁하는 만큼 이익이 크지는 않지만, 고객 만족을 제일 우선시하는 정신으로 유지하고 있습니다. 여기에 '농農'과 지역의 공장인 '공工'이 연계함으로써 지역 산업 개발에도 도움이 된다고 합니다.

구체적인 예를 들어보면, 이 당근 주스를 슈퍼마켓이나 편의점 등의 유통업계가 판매함으로써 국가가 인정하는 '농상공 연계'가 이루어집니다. 이렇게 '농'을 기점으로 새로운 경제 활동을 창조합니다. 현재 농업이 미래를 위한 중요한 산업으로 주목받는 이유가 바로 여기에 있습니다.

마쓰키 씨는 농업을 단지 제6차 산업으로 인식하는 차원을 넘어 전혀 새로운 비즈니스로 자리매김하게 하는 것도 가능하다고 판단하고 있습니다. 그 실험 단계에 있는 것이 바로 '채소 학교'입니다.

수도권의 경우, 도시에 살면서 농사짓고 싶은 사람들에게 반 년간 쉬는 날을 모아 가벼운 마음으로 농업을 배우게 하는 겁니다. 자기만의 텃밭을 가꾸고 싶은 사람, 정년 후 취미로 농사짓고 싶은 사람 등 다양한 수강생이 있습니다. 탤런트 스기타 가오루 씨도 한 시간 수강생이 되어 화제가 된 바 있습니다.

마쓰키 씨는 농업이 교육산업으로 성장할 수 있는 가능성을 발견한 것 같습니다. 예를 들어 10아르의 밭에서 일곱 가마의 쌀을 수확한다고 가정할 때 한 가마를 1만 엔이라고 한다면 7~8만 엔 정도밖에 안 됩니다. 여기에 모판이나 대형기계 구매비 등을 고려하면 생활은 불가능합니다.

그러나 이 10아르를 20구역으로 나누어 교육임대용으로 수강생들에게 분양합니다. 그러면 20인이 모여 연간 10만 엔의 수업료를 낸다고 가정할 때 연간 200만 엔의 수익이 발생합니다. 단순한 방법으로 농사지을 때보다 20배가 훨씬 넘는 수익을 기대할 수 있게 되는 겁니다. 이는 앞으로 농업이 살아남는 방법의 하나로, '농업이 가진 소프트 부분'에서 적극적으로 살길을 찾을 필요가 있다고 마쓰키 씨는 말합니다.

'프로덕트 아웃' 시대는 가고
'마켓 인' 시대가 온다

비오 팜 마쓰키의 밭은 다품종 소량생산 방식으로 경작됩니다. 즉, 다양한 종류의 채소를 조금씩 재배하는 방식이지요. 요즘 많은 유기농가가 이런 방식으로 농사를 짓습니다. 마쓰키 씨가 신규 영농으로 다품종 소량생산 재배를 시작한 것은 자급자족하고 싶었기 때문이라고 합니다. 즉, 자신의 먹을거리를 다른 사람에게 의존하지 않고 직접 재배하고 싶다는 생각에서 비롯되었던 겁니다. 처음 농업을 시작했을 때만 해도 전혀 수입이 없었으므로 자급자족해야 할 절실한 필요가 있었습니다.

다품종 소량생산 재배에는 이점이 많습니다. 다양한 종류를 재배하므로 어느 한 종이 병충해에 걸려 피해를 보더라도 상대적으로 그 피해가 크지 않기 때문입니다. 재고 관리가 쉽다는 점도 매력적입니다. 또한, 일반 소비자를 대상으로 만드는 채소 세트의 경우 내용이 충실할 뿐 아니라 다양한 레스토랑의 요구를 반영하기에도 다품종 소량생산 방식이 적합했다고 합니다.

몇 년의 시간이 지나 경작 면적이 넓어지고 수확량도 늘어나자 마쓰키 씨는 가공품을 만들기 시작했습니다. 처음 농업을 시작하고 1~5년 차일 때의 재배 품목과 6년 차일 때의 재배품목 수에는 상당한 차이가 있었다고 합니다. 즉, 다품종이라는 점에서는 달라지지 않았지만 차츰 수요를 의식한 다품목 소량생산 방식으로 자리 잡아 갔던 겁니다. 예를 들어 당근, 감자, 가공용 토마토는 비오 팜 마쓰키의 주력상품입니다. 당근은 당근 주스나 쿠키에, 감자는 카레나 수프에, 가공용 토마토는 토마토소스나 콩피튀르(과일 설탕 절임·잼)로 가공됩니다.

마쓰키 씨는 "수요 확보가 가능한 부분은 일단 생산량을 늘린다"고 귀띔합니다. 가공품의 수요가 높아지면 높아질수록 생산하는 수량도 그에 비례하여 늘어나기 때문입니다. 올해 수확량이 많으므로 가공품으로 팔자라는 '프로덕트 아웃product out'이 아니라 가공품의 판매량이 늘어 이것을 생산자에게 적극적으로 피드백 및 요청하는 '마켓 인market in' 사고방식입니다.

여러 가지 상황으로 당근을 수확하지 못한 해도 있었습니다. 한데, 당근 주스는 비오 팜 마쓰키의 대단한 인기 상품이므로 다음 해에 안정적으로 재배하기 위해 약 40아르의 밭을 확보했습니다. 오로지 당근만을 키우기 위한 밭이었습니다.

그러나 당근을 여러 밭에 나눠 재배하는 탓에 각각의 표준 고도가 달라 성장 속도가 다른 현상이 발생했습니다. 마쓰키 씨는 장소에 따라 당근 주스로 만들 것과 판매용으로 만들 것을 분리했습니다.

또한, 재배 방법도 연구했습니다. 적은 인원으로 넓은 밭을 경작하자니 효율성을 계산하지 않으면 생산량이 늘어나지 않기 때문이었습니다. 마쓰키 씨는 씨를 그대로 뿌리는 장소와 씨앗 테이프를 사용하는 두 가지 방법을 적용했습니다. 씨앗 테이프 심기는 부직포 테이프 속에 종자를 적절한 간격으로 넣어 그대로 땅에 묻어 사용하는 농법입니다. 이 방법을 사용하면 시간을 단축할 수 있으며 효율성을 높일 수 있다는 장점이 있습니다. 단, 솎아낸 당근(작은 당근)은 사용하기도 편리하고 레스토랑에서도 유용하게 사용되므로 없어서는 안 됩니다. 따라서 두 가지 방법을 병행하여 사용해야 했습니다.

"옛 친구가 멀리서 찾아온 것처럼
서비스하세요!"

마쓰키 씨는 1962년 나가사키 현에서 태어났습니다. 그는 18세에 서비스 업계에 입문했는데, 맨 처음 호텔 전문학교에 입학했습니다. 여기서 그는 부인 이사코 씨를 만났습니다. 졸업 후, 그는 나고야 호텔에 취업했습니다. 어느 날, 여행회사에 근무하는 이사코 씨를 우연히 다시 만나게 되었고, 이 일을 계기로 두 사람은 사귀기 시작했습니다. 그는 서비스업계에서 일할 생각으로 도쿄로 갔습니다. 그 바람에 처음에는 근거리 연애를 하다가 이후 이사코 씨와 같이 살게 되었습니다. 마쓰키 씨가 24세 되었을 때 그들은 주위 사람들의 축하 속에 결혼식을 올렸습니다.

1990년, 두 사람은 함께 프랑스로 떠났습니다. 파리에 있는 닛코 파리 호텔에 근무하기 위해서였습니다. 마쓰키 씨는 "여기저기 워낙 자주 옮겨 다닌 터라 많이 힘들었지만, 그 시간을 감사하게 생각합니다!"라고 말했습니다. 파리에서는 쉬는 날이면 레스토랑을 돌아다니면서 함께 맛있는 음식을 먹고 교외로 놀러 다니며 두 사람만의 시간을 만끽했습니다.

마쓰키 씨는 1992년에 아내와 함께 귀국했습니다. 이후 긴자의 한 레스토랑에서 프랑스요리 지배인으로 일하다가 1994년 도쿄의 타유방 로부숑의 총괄 매니저가 되었습니다. 타유방은 미슐랭가이드 별 세 개의 최고 프랑스 레스토랑입니다. 별 세 개의 레스토랑 셰프인 조엘 로부숑이 감수한 레스토랑으로도 유명합니다. 프랑스 요리업계의 역사에 남을 만큼 대단한 레스토랑이라고 합니다.

마쓰키 씨는 오너 장클로드 브리나 씨를 만났습니다.

"처음 만난 건 면접 때였는데, 꽤 엄격한 사람이라고 생각했어요."

마쓰키 씨는 프랑스에서 살았으므로 프랑스어를 구사할 수 있었습니다. 그런 터라 그는 정기적으로 일본에 온 브리나 씨의 통역도 담당했습니다. 처음에는 일반적인 수준의 통역이었으나 시간이 지나면서 차츰 게스트 앞에서 정식으로 통역할 때가 많았습니다. 유창한 프랑스어 실력에 더해 접객도 가능한 마쓰키 씨는 이때부터 레스토랑 업계에서 크게 주목받기 시작했습니다.

"브리나 씨에게 배운 게 참 많아요. 그는 명문 그랑제콜^{Grandes Écoles}을 졸업한 인재로, 일반 레스토랑의 오너가 아니지만 탁월한 유머 감각과 센스, 항상 웃는 얼굴로 손님들을 즐겁게 해줍니다."

마쓰키 씨는 브리나 씨가 스태프들을 모아놓고 한 말 중에서 다음의 말이 특히 인상 깊었다고 합니다.

"옛 친구가 멀리서 찾아온 것처럼 생각하고 서비스하세요."

일본 레스토랑의 서비스는 묘하게 얼어붙어 경직된 스타일이 많은 게 사실입니다. 그러나 타유방의 서비스는 전혀 그렇지 않습니다. 마음에서 우러나오는 자연스러운 행동으로 고객이 두 시간 남짓 동안 편안한 마음으로 식사할 수 있도록 배려한다는 겁니다.

또한, 브리나 씨는 매일매일 최고의 서비스를 제공하기 위해 신경을 쓰라고 조언합니다. 날마다 성심성의껏 손님을 대하는 태도야말로 고객의 마음을 사로잡는 가장 확실한 방법이기 때문입니다. 프랑스에서는 '미슐랭' 등의 가이드북이 발달한 나라라는 인상이 있으나 브리나 씨는 "프랑스에서는 가이드북을 믿고 가는 경우는 20% 정도에 지나지 않아요. 나머지 80%는 입소문을 듣고 가지요"라고 말합니다.

마쓰키 씨는 지금도 이 말을 잊지 않고 있다고 합니다. 레스토랑 비오스는 고객을 멀리서 찾아오는 친구처럼 대접합니다.

농업 발전을 위해
성공 모델을 만들다

농업계는 지금 위기에 처해 있습니다. 가장 심각한 것은 농업 종사자의 고령화 문제입니다. 농업에 종사하는 사람의 평균 연령이 65세나 되는 것이 현실입니다. 10년 후, 20년 후를 생각해보면 농업 인구는 확실히 급격히 줄어들고 있으므로 '누가 농사를 지을 것인가?'라는 심각한 문제가 남습니다. 이대로라면 일본산 곡물이나 채소는 너무 비싸서 먹을 수 없게 될지도 모릅니다.

현 상태에서는 농업으로 벌어 먹고살 수 없어 농가의 자식들은 직장인이 되고, 그 바람에 유휴지가 갈수록 늘어나는 추세입니다. 게다가 신규 영농을 하려 해도 이러한 시스템이 확립되어 있지 않아 쉽지 않은 것도 사실입니다. 그러면서도 다른 편으로는 이런 토지를 찾아온 신규 영농자는 토지를 빌리기가 매우 어려운 것이 사실입니다. 12년간 영농에 종사해온 마쓰키 씨도 자신이 땅 주인과 직접 만나 협상하고 간곡히 설득하여 어렵게 농지를 빌릴 수 있었습니다. 그런 터라 그가 실제로 소유한 토지는 얼마 되지 않습니다.

놀라운 것은 농업고등학교나 농업대학을 졸업했다고 해서 무조건 농부가 되는 것은 아니라는 점입니다. 부모에게 물려받은 농가가 아니면 신규 영농을 하기는 어렵습니다. 이로 인해 농업 인구는 갈수록 적어지고 농업에 종사하는 사람 수도 갈수록 줄어들게 될 겁니다. 지금이야말로 농지법 완화와 같은 법률 재정비나 행정적인 조치가 필요할 때입니다. 그렇게 함으로써 누구나 쉽게 신규 영농을 시도할 수 있는 환경을 만들어야 하며 농사짓는 사람들을 지원하는 안정된 시스템을 만들어야 합니다.

"저는 이러한 일을 민간 차원에서 해야 한다고 생각합니다. 유휴지를 관리하는 비즈니스, 농지를 알선하는 비즈니스, 신규 영농자를 관리하는 비즈니스 등 농업 비즈니스에 참여하는 기업이 늘어나기를 바랍니다. 이를 위해서는 농업 비즈니스 모델의 성공 예를 늘려나가지 않으면 안 된다고 생각합니다."

농업계 전체, 더 나아가 일본의 미래를 걱정한다면 이러한 의지와 노력은 매우 중요합니다.

그는 또 이렇게 말합니다.

"농업에 종사하고 싶어 하는 사람은 갈수록 늘어나고 있습니다. 예를 들어 중학생 때부터 농업에 종사하고 싶다고 답한 여학생이 있었으나 중학교에서도 고등학교에서도 진로 지도를 제대로 해주지 않았습니다. 그 탓에 그녀는 30세가 된 지금에서야 농업의 길로 들어서게 되었습니다. 농업으로 성공한 모델이 좀 더 많았다면 진로 지도를 담당하는 교사도 농업이 앞으로 유망한 직업이라고 주저 없이 권했을지도 모릅니다. 단순한 농업 붐이 아니라 우리가 사는 세상이 시급히 이런 방향으로 변화되어가기를 바랍니다."

비록 그 수는 적지만 농업 비즈니스 모델을 쇄신하고 새로운 변혁을 일으키고자 하는 사람들이 요즈음 꾸준히 나타나고 있습니다. 마쓰키 씨는 단연 그 선두주자입니다.

마쓰키 씨는 자신이 성공을 거둔 모델을 일본 농업에 적용하여 저변을 확대해가고 있습니다. 그런데도 '현시점에서 마쓰키 씨의 사업 비즈니스가 큰 성공을 거두고 있는가?'라고 묻는다면 답은 '아니오'입니다. 왜 그럴까요? 레스토랑에 투자하는 액수가 너무 커서 아직 제대로 수익을 내기 어려운 상황이기 때문입니다. 마쓰키 씨의 블로그를 유심히 살펴보면 이런 어려움이 여실히 드러납니다.

앞으로의 농업은 자신의 이득만 생각해서는 점점 더 설 자리가 없어지게 될 겁니다. 다른 업종의 신선한 아이디어를 지속해서 받아들여 농업계 전반의 미션을 명확히 세워야 합니다. 마쓰키 씨처럼 거시적인 시야를 가진 사람들이 꾸준히 배출되어야 합니다. 비즈니스 성공 사례가 생겨날 수 있도록 유기농업의 발전을 가속화해야 합니다.

마쓰키 가즈히로

1962년 나가사키 현에서 태어났다. 나고야, 도쿄 호텔에서 특히 프렌치 레스토랑 서비스를 담당한 뒤 1990년 프랑스로 건너갔다. 파리 호텔에서 2년간 근무했다. 귀국한 뒤 프렌치 레스토랑 지배인을 거쳐 에비스의 타유방 로부송에서 4년간 총지배인으로 근무했다. 1999년부터 후지 산기슭인 시즈오카 현 후지노미야 시에서 유기농업을 시작했다. 2009년 밭에 개설한 프렌치 레스토랑 비오스를 오픈했다. 저서로는 『농업 장사!』 『비오 팜 마쓰키의 채소 학교』 『밭에서 수확한 채소 레시피』 등이 있다.

3

토지가 일으키는 치유의 기적

우메키 쇼이치 씨 - 애플 금귤파 허브 농원

구마모토현 아소군 미나미오구니초

해발 530m의 산간 밭에서
키운 기요라 쌀

규슈의 최고봉 쿠주 산을 동쪽으로 바라보며 아소 산 북쪽에 자리 잡은 구마모토 현 아소 군 미나미오구니초. 이곳에는 현지에서도 이름만 대면 모르는 사람이 없을 정도로 유명한 농부 우메키 쇼이치 씨와 게이코 씨가 운영하는 '애플민트와 허브 농장'이 있습니다.

원래 '애플민트와 허브 농장'은 관광농원으로 출발했는데, 현재는 체험이 가능한 블루베리 농장으로 바뀌었습니다. '기요라 쌀'이라는 미나미오구니초 특산물인 무농약 쌀 등을 재배하여 소비자에게 직접 판매하는 농가입니다.

우메키 씨가 키운 기요라 쌀은 제1회 규슈 쌀 대회의 무농약 부문에서 최우수상을 받았습니다. 당시 히노히카리를 재배하는 농가 중 일부 농가는 '아키게이키' 품종 쌀을 자가 채종해서 재배하고 있었습니다.

기요라 쌀은 5,000평 면적의 논에서 4,000~4,800kg 정도 생산됩니다. 해마다 입소문으로 단골이 늘더니 작년에는 수확하자마자 전량이 순식간에 다 팔려버렸습니다. 원래 5,000kg 이상 수확할 수 있는 토지지만 욕심내지 않고 조금씩 면적을 넓혀가는 방식으로 대응하고 있다고 합니다.

"규모를 급격히 늘리다 보면 오히려 문제가 되기 쉬워요. 그래서 무리하지 않으려고 항상 노력하죠."

기요라 쌀은 무농약, 무제초제 쌀입니다. 비료는 유기비료를 발효시킨 보카시, 릿쿄 대학의 히라케루오 메이오 교수가 개발한 EM균을 사용합니다. 보카시는 유박이나 골분 등의 유기비료를 섞어 발효시킨 비료입니다. 말하자면, 미생물을 사용한 원형이 '보카시'인 겁니다. EM균은 미생물을 의미하는데, 현재 일본 유기농가에서 큰 인기를 얻고 있는 미생물 사용 재배법입니다.

"처음에는 볏짚과 왕겨를 사용했어요. 그러다가 산에 있는 밭은 물이 차고 초기 생육이 좋지 않아 묘를 튼튼하게 키우고자 보카시를 사용하게 됐죠. 이런 토지에 맞는 재배법을 찾아 여러 가지 시도를 해보다가 지금 사용하는 방법에 이르게 된 거예요. 그러나 지금의 방법이 반드시 최고의 방법이라고는 생각하지 않아요. 좀 더 효과적인 방법이 없을까 늘 고민하고 있고, 뭔가 새롭고 획기적인 방법을 발견하면 언제든지 바꿀 마음가짐이 돼 있어요."

이곳은 해발 530m. 전형적인 산간 밭의 농가로 구마모토 시보다 기온이 5℃ 정도 낮습니다. 아침저녁으로 기온 차가 심한 토지이므로 쌀이나 채소의 맛이 깊은 장점도 있습니다.

전원 풍경 속에 있는 레스토랑 '바람의 숲'

"일반적으로 10월에 벼를 수확한다고 생각하지만, 최근에는 온난화의 영향으로 수확 시기가 조금 늦어지는 추세예요. 아무튼, 기요라 쌀은 일반적인 벼보다 일부러 한 달 남짓 늦은 11월에 수확한답니다. 11월에는 약간 추우면서 동시에 아침저녁으로 기온 차가 커서 쌀이 맛있어지는 시기거든요."

무농약 막걸리를
만드는 농가들

우메키 씨는 직접 막걸리를 제조합니다. 상품명은 '바람의 사원'. 기요라 쌀을 100% 사용해 만든 이 술은 쌀의 풍미와 미나미오구니초의 분위기가 오롯이 담긴 깊은 맛이 일품입니다. 게다가 이 막걸리를 마시면 숙취도 거의 없고 머리도 아프지 않다고 합니다. 비결이 뭘까요? 단순한 재료를 사용했기 때문이라고 합니다.

2003년, 막걸리 특별구제도가 시행되었습니다. 이 제도는 국가 차원의 제도 개혁이자 지역 활성화를 위한 규제 완화책의 하나로 시작되었습니다. 막걸리의 경우, 그 이전의 주세법으로는 연간 6,000 l 이상 만들지 않으면 제조 면허를 받을 수 없었습니다. 그러던 것이 일정한 기준을 충족하면 특별지역에 한해 소량이나마 제조할 수 있도록 바뀐 겁니다.

우메키 씨가 속한 막걸리 특별구역은 미나미오구니초를 포함한 아소 군 일대입니다. 당시만 해도 관광산업은 호황이었고 마을 부흥이 한창 시작되던 때라 분위기가 좋았습니다. 당시 막걸리 만들기 설명회에 모인 농민은 대략 50~60명 정도였습니다. 그러나 강사가 세무 업무에 관한 이야기를 시작하자 금세 5~6명까지 줄었다고 합니다.

"서류 작성이 까다롭고 정기적으로 보고도 해야 한다더라고요. 그렇게 하지 않으면 면허를 받을 수 없다는 거죠. 게다가 알아듣기 어려운 말이 오가면서 동업하는 사람들이 대부분 그 자리를 나가버렸죠."

당시 관광협회의 임원이던 우메키 씨. 그는 구로가와 온천의 예약 수주가 예정된 점 등 강점이 많아 규슈에서 가장 빨리 면허를 딸 수 있었습니다. 그는 구마모토 현에서는 첫번째였으나 미야자키 사람에게 아깝게 선두 자리를 빼앗겨 규슈 지방에서는 두번째가 되었습니다. 그러나 첫번째로 면허를 딴 사람은 불을 사용하는 제법이었던 데 반해 우메키 씨의 막걸리는 불을 사용하지 않고 제조하는 옛날 그대로의 술이라는 중요한 차이가 있습니다. 게다가 우메키 씨의 막걸리는 기요라 쌀을 사용해 만든 술입니다.

막걸리를 만드는 방법은 비교적 간단합니다. 찐쌀에 국균麴菌, 물, 효모를 넣은 뒤 발효하기만 기다리면 됩니다. 온도는 15℃로 유지하여 10일 정도면 완성됩니다. 이 막걸리를 여과시킨 것이 청주입니다. 면허를 취득하면 양조 협회에서 효모를 받게 됩니다. 시중에서 판매되는 이스트균을 사용하거나 직접 효모를 만들어 사용하는 데는 법적인 제재가 많고 무척 까다롭기 때문입니다.

막걸리 제조는 일반 농가보다는 여관이나 민박업을 하는 사람들이 밭을 임대하고 농사 법인화하여 관광 상품으로 만드는 경우가 더 많습니다. 사정이 이렇다 보니, 규슈 내에서도 농가에서 막걸리를 제조하는 경우는 우메키 씨 외에는 거의 찾아보기 어려울 정도입니다.

미나미오구니초에서 재배된 무농약 쌀을 사용하여 농가에서 자체적으로 만든 술은 진정한 신토불이 상품이라고 할 수 있습니다. 그런 터라 주변의 관광업자들 사이에 입소문이 나기 시작했고 주문이 쇄도했습니다. 실제로 2010년에는 구로가와 온천의 이벤트 상품으로 모든 여관에서 식사와 함께 제공하는 등 우메키 씨의 막걸리는 멀리서 찾아오는 관광객들의 혀를 즐겁게 해주었습니다. '바람의 사원'은 미나미오구니초의 특산물 '기요라 앗싸'라는 이름으로 팔립니다. 레스토랑 '바람의 숲'은 물론 구로가와 온천의 인기 여관인 '료칸 코우노유'에서도 즐길 수 있습니다.

"그저 쌀농사만 지어야 하는데, 뭔가 새로운 걸 들으면 솔깃해서 가만히 못 있는 성격이라 어느새 신상품을 만들어버리고 맙니다."

예를 들어, 겨울에 온라인에서 한정 판매하는 이 지역의 채소에 '막걸리 전골' 된장과 막걸리를 섞은 다음 기요라 쌀로 만든 특제 기리탄포(반 정도 으깬 밥을 지쿠와처럼 나무막대에 원통형으로 붙인 뒤 구운 일본 아키타 현의 향토 음식 – 옮긴이)와 같이 먹으면 지금까지 맛보지 못한 무척 쫄깃하면서도 깊은 맛을 체험할 수 있습니다. 기리탄포는 '기요라 쌀'의 특징을 잘 살린 전골 요리입니다. 여기에 막걸리를 넣으면 고기가 부드러워지면서 절묘한 맛을 냅니다.

"어디에도 없는 희귀한 걸
선보이면 어떨까?"

1959년, 우메키 쇼이치 씨는 미나미오구니초 농가의 장남으로

미나미오구니초의 풍족한 자연에서 여유로운 시간을 보내고 있다.

태어났습니다. 어려서부터 산속에서 자라 흙을 만지는 것을 좋아했다고 합니다. 그런 터라 그는 거의 갈등 없이 바로 농업고등학교에 진학했습니다. 가업을 이어 농업을 하겠다고 어릴 때부터 생각해왔기 때문입니다. 그러나 농업고등학교에 진학하여 농약과 화학비료를 대량 사용하는 현대농업을 배우면서 자신이 속한 산중의 토지에서는 그 수량이 적어 그 용법을 따라서는 안 된다는 걸 알게 되었습니다. 당시는 대규모 농업이 무서운 기세로 달려가는 시대였습니다.

고등학교를 졸업한 뒤 우메키 씨는 일단 관행농업으로 농사를 시작했습니다. 당시 그는 부모에게 물려받은 땅에서 벼와 채소 농사를 짓고 있었고 적우赤牛를 키웠습니다. 미나미오구니초에는 이런 방식으로 농사짓는 사람이 많았습니다. 농약을 뿌리고 화학비료를 사용해 재배하고 수확한 농작물을 100% 전량 농협에 납품했습니다. 하지만 이곳은 워낙 높은 지대라 벌레가 적어 농약을 거의 사용하지 않아도 된다는 걸 깨우쳤습니다.

1984년, 우메키 씨는 25세의 나이에 미나미오구니초에서 유치원 교사로 일하는 하는 게이코 씨와 결혼했습니다. 그런 다음, 바로 사과 관광농원을 시작했습니다. 저농약 사과였는데, 좀처럼 좋은 품질의 사과가 생산되지 않아 잼으로 만드는 등 가공품으로 대처해 나가야 했습니다. 당시에는 요즘보다 비가 많이 내렸는데, 아무래도 그래서였던 것 같습니다. 아무튼, 그 당시 가공품을 만들며 쌓은 경험이 나중에 큰 보탬이 되었습니다.

미나미오구니초에서 새로운 농약을 규제하는 우메키 씨는 유기농업 학습회나 관광협회 회의에 적극적으로 참여했습니다. 그 자리에서 그는 릿쿄 대학의 히라케루오 교수와 규슈 대학 농학부의 가타노 교수를 만났습니다.

어느 회의 자리에서 누군가가 "미나미오구니초는 농업이 번성한 다이산 마을도 가깝고 관광지인 유휴인도 가까운데, 우리 마을에는 아무것도 없네" 하고 말했습니다. 그때 '기요라노 모리'라는 애칭으로 불린 가타노 교수가 "어디에도 없는 희귀한 걸 팔아보면 어떨까?" 하고 제안했습니다.

당시, 구로가와 온천지들 중심으로 지역을 발전시키고자 하는 움직임이 일어났습니다. 지금이야 구로가와 온천이 전국적으로 유명해서 인기 온천이 되었지만, 그 당시만 해도 할아버지 할머니들이나 다니던 꽤나 한적한 온천장이었다고 합니다.

마침 그 무렵, 벳푸 온천과 같은 단체 손님을 상대하는 온천지의 인기가 갈수록 떨어지고 있었습니다. 그와 맞물려 유휴인 온천처럼 단체 손님보다 개인 손님 위주로 영업하는 온천지의 인기가 높아져 젊은 여성들이 모여들기 시작했습니다. 구로가와에는 단체 손님을 받을 수 있는 대형 호텔이 많지 않아 노천온천을 갖춘 여관에는 고객의 발길이 끊이지 않았습니다. 갑자기 이곳이 유명해지면서 구로가와 온천은 순식간에 전국적인 인기를 얻었습니다. 우메키 씨의 역할은 온천 지역에 아침 시장을 여는 것이었습니다. 우메키 씨는 판로를 개척하기 위해 아침 시장에서 채소나 쌀을 진열해 팔았습니다. 또한, 관광농원으로서는 처음으로 사과 농장을 홍보하는 일도 시작했습니다.

비료는
병과 벌레를 부른다

1986년, 우메키 씨는 27세에 무농약 재배를 시작했습니다. 사실, 자연환경이나 건강을 생각해서 그렇게 한 건 아니었습니다. 그보다는 무농약으로 재배한 농산물 가격이 일반적인 농산물 매매가보다 훨씬 비쌌기 때문입니다. 그러나 그때까지만 해도 미나미오구니초에서는 아직 관행농업이 대세였습니다. 그런 터라 무농약 재배를 시도하기는 여러모로 아직 무리였습니다. 거기에 더해 농협을 통하지 않고 농작물을 소비자에게 직접 판매하는 우메키 씨를 주변에서는 이상한 사람으로 보는 시선도 있었습니다.

 "솔직히 처음에는 해충이 생기고 마을로 퍼져나가면 내가 다

책임져야 하는 거 아닌가 걱정되기도 했어요. 그러나 결과는 오히려 그 반대였죠. 이듬해 마을에 병충해가 많이 발생했는데, 신기하게도 우리 밭은 거의 아무런 손해도 입지 않은 거예요. 이때의 경험으로 비료를 너무 많이 주고 영양분이 과도해지면 오히려 작물이 병에 걸리기 쉽고 벌레도 많이 생긴다는 걸 알게 되었어요."

우메키 씨의 말입니다.

무농약 쌀을 재배하고 소비자에게 직접 판매하는 방식을 취하게 되면서 우메키 씨 의식에도 변화가 일어났습니다. 소비자의 의견을 구체적으로 들을 수 있었기 때문입니다.

어느 날, 우메키 씨는 구마모토 시내까지 직접 배달을 나갔다가 우연히 한 할머니를 만났습니다. 그때 그 할머니가 갑자기 우메키 씨의 손을 꽉 잡았습니다.

"덕분에 오래 살게 되어 고맙소!"

할머니는 몇 번이나 우메키 씨에게 감사의 말을 전했습니다. 그뿐만이 아니었습니다. "우리 아이가 아토피라서 이 쌀이 아니면 먹일 수 없어요"라고 말하는 사람도 만났습니다.

"단골들은 어떻게든 이 쌀을 사려고 합니다. 그러니 대충 아무렇게나 재배할 수는 없지요. 정성을 다해 무농약 쌀을 키워야만 합니다."

이런 일들이 반복되자 우메키 씨는 자신이 하는 일에 대해 곰곰이 생각해보게 되었습니다. 보통의 농가라면 이런 일을 경험하기는 쉽지 않습니다. 자신이 생산하는 상품을 대하는 마음과 자세가 차츰 달라지고 무농약 농작물을 재배하는 일이 점점 더 즐겁고 행복한 일이 되어갔습니다. 고객들에게 감사 인사를 들을 때마다 그의 마음은 말할 수 없이 기쁘고 뿌듯했습니다.

구로가와 온천을 찾는 관광객이 증가하고 도시 사람들과 이야기 나눌 기회가 늘어나면서 "미나미오구니초는 참 멋진 곳이네요!" 하고 말하는 사람도 많아졌습니다. 시골 미나미오구니초에서 태어나 자랐고, 할 수만 있다면 도시에서 살고 싶다고 생각했던 우메키 씨에게 이런 말은 정말 뜻밖이었습니다.

'내가 정말 좋은 곳에 살고 있었구나……!'

이때부터 우메키 씨는 환경 보호 농업에 깊이 빠져들게 되었습니다. 미나미오구니초는 후카와의 원류에서 가까웠는데, 그런 터라 더더욱 이 물을 오염시키지 않는 것이 매우 중요하며 자연과 함께하는 농업이라는 걸 깨달았습니다.

"이런 방향이 바로 농업이 나아가야 할 길이라고 생각해요. 이 방법으로 농사지으면 작물도 맛이 좋아지죠. 그러나 사람들은 그걸 잘 모르기 때문에 수확량을 늘리기 위해 점점 더 많은 양의 비료를 사용하는 거예요. 결국, 그 비료는 땅으로 흘러내려가

식수원인 물을 오염시키는 주범이 되고 우리 인간의 생명마저 위협하게 되는 겁니다. 그러므로 작물을 재배하는 데 좀 더 수고를 들이더라도 최대한 환경을 보호하는 방향으로 나아가지 않으면 안 된다고 생각해요!"

다른 농가의 '시선'이
무농약 재배 확산을 막는다고?

최근 들어 농가의 의식도 많이 달라졌습니다. 과거에 "농약을 두 번이나 친다"라고 자랑하던 농가가 "농약은 두 번만 친다"라고 이야기하는 식입니다. 아직 주류는 관행농업이지만 유기농업의 비중이 많이 늘어났습니다. 실제로 농협에서도 유기비료를 판매하는 양이 과거보다 획기적으로 늘어났다고 합니다.

무농약이 널리 퍼지게 된 것은 지역 특산물관이 있었기에 가능한 일이었다고 우메키 씨는 말합니다.

미나미오구니초 마을에는 직영 특산물관 '기요라 앗싸'가 있어서 농가의 할머니, 할아버지들이 채소 등의 농작물을 가져와 직접 판매합니다. 그 과정에 구체적인 소비자 반응을 확인할 수 있는 매우 큰 장점이 있습니다.

물론, 소비자들은 확실히 무농약 채소를 선호하는 편이라 특산물관의 점원도 "가능한 한 무농약으로 재배해주세요. 그렇지 않으면 잘 안 팔려요" 하고 말합니다. 이런 식으로 차츰 무농약으로 재배하지 않으면 안 된다는 의식으로 바뀌는 겁니다. 옆집 농가가 달라져서 나도 달라져야겠다고 생각하는 것이 아니라 소비자의 반응을 직접 보고 들음으로써 농가들의 재배 방식이 서서히 바뀌고 있는 겁니다.

"더 많은 도시 사람들이 이곳에 놀러 왔으면 좋겠어요. 자신이 직접 딴 채소를 먹어보고 '맛있다!'고 이야기해주는 것만으로도 이곳 농민들의 의식과 재배 방식이 획기적으로 달라질 수 있으니까요."

미나미오구니초 마을에서 제대로 무농약 재배를 실천하는 농가는 단 3곳뿐입니다. 그 밖에 농협에서 관리하는 농가가 10곳 정도 된다고 합니다. 전국적으로도 고작 400곳 정도로 무농약 재배는 아직 극소수에 지나지 않습니다.

"무농약 재배가 생각보다 힘들지는 않지만, 많은 사람이 회피하고 있는 것도 부인할 수 없는 사실이죠. 그들 입장에서는 그럴 수밖에 없다는 것도 알아요. 솔직히 나도 처음엔 그들과 비슷한 생각을 했거든요. 잡초투성이인 자기 밭을 다른 사람들에게 보여주기를 좋아할 사람은 없을 테니까요."

결국, 무농약 재배가 확산하지 못하도록 방해하는 것은 '다른 농가의 시선'입니다. 무농약 재배를 시작하면 순식간에 밭은 잡초투성이가 되어버립니다. 누구나 잡초가 없고 깨끗하게 정리된 밭을 좋아할 수밖에 없습니다. 인지상정이라고나 할까요! 풀이 수북이 자라 있으면 이웃 사람들에게 게으른 농부라고 손가락질받기 십상입니다. 물론 이런 정서는 농촌 특유의 인식이자 관습 같은 거라서 도회지의 사람들은 좀처럼 이해하기 어려울 테지만요.

이는 비단 미나미오구니초만의 문제는 아니라고 생각합니다. 아마도 전국의 농촌에서 동시에 벌어지는 일일 겁니다. 이전에 신슈의 어떤 관행 농가에서도 이와 비슷한 이야기를 들은 적이 있습니다.

"쌀농사를 짓는데, 이익이 나질 않아요. 그래도 이웃 농가들에게 게으름을 피운다는 소리를 듣기 싫어서 할 수 없이 쌀농사를 짓고 있지요."

또, 이런 얘기도 들었습니다.

"농가의 자존심 같은 거지요. 지금도 우리 부모님들은 밭을 깨끗하게 유지해야 한다고 틈만 나면 말씀하시거든요. 관행농업을 포기하기 어려운 이유를 두 가지만 꼽아볼까요? 첫째, 수확량이 줄어들기 때문이고, 둘째, 볼썽사나운 밭을 보는 걸 견딜 수 없

가지를 수확하고 있는 우메키 쇼이치 씨

야무진 알갱이를 자랑하는 우메키 씨의 블루베리

기 때문이에요."

만일 일본의 모든 농가가 무농약 재배를 한다면 농지 축소 정책도 필요 없어질 겁니다. 국민 건강에 좋은 건 말할 것도 없고요. 오랜 기간 유기농업으로 농작물을 재배해온 농가들이 공통으로 겪는 일은 주위의 농가들로부터 '이상한 사람' 취급을 받는다는 겁니다. 마땅히 해야 할 일을 하면서도 이상한 사람 취급을 당하는 유기농가들. 다른 사람들의 시선을 크게 신경 쓰지 않고 묵묵히, 그리고 뚝심 있게 무농약 재배, 유기농업을 고집하는 그들 덕분에 우리는 '진짜 농작물'의 신선하고 풍성하며 깊이 있는 맛을 체험할 수 있는 겁니다.

농업 가공품을 만들고
수제 리스 교실을 열다

농촌 사람들은 아직 보수적인 성향이 강한 편입니다. 그런 터라, 농업 분야의 새로운 시도는 다른 지역에서 온 사람들에 의해 시작되는 경우가 많습니다.

원래 우메키 쇼이치 씨는 새로운 시도를 좋아하며 천성적으로 호기심이 많은 사람입니다. 이런 그의 성향을 더욱 부추긴 것은 도회지에서 시집온 게이코 씨입니다. 기업으로 말하자면, 신규 사업 및 신상품 개발 담당자인 두 사람이 결혼에 골인한 것이 중요한 계기가 된 셈이었지요.

"농작물을 키워 수확하는 일보다는 그것을 어떻게 활용해 다른 무언가를 만들어낼 것인가에 관심이 더 많았어요. 제가 워낙 뭔가 새로운 것을 만들어내는 일에 관심이 많은 편이라서요. 말하자면, 농작물이 천천히 자라가는 것을 보는 기쁨보다 그것을 활용하여 다양한 상품을 만들어내는 일을 훨씬 좋아했던 것 같아요!"

게이코 씨의 말입니다.

결혼한 지 얼마 안 되었을 때 이들 부부는 사과를 키웠습니다. 한데, 어느 날인가 아내 게이코 씨는 너무도 청명한 날씨에 문득 감흥에 젖어 풀밭에 누워 푸른 하늘을 바라보다가 그대로 잠들어버리고 말았습니다.

호스를 감던 우메키 씨는 아내가 잠든 모습을 보고 깜짝 놀랐습니다. 그는 속으로 이렇게 생각하며 아내와 결혼한 걸 후회했다고 합니다. '이 여자는 농촌에 시집와서 묵묵히 일할 스타일이 아니구나!' 그러면서 밭두렁에 앉아 "'농촌에 시집와서 그동안 고생 많았소!'라고 말한 뒤 결혼 생활을 끝내야겠다고 생각했지요" 하며 우메키 씨가 웃었습니다.

우메키 부부는 막걸리 이외에도 많은 가공품을 만듭니다. 가마솥에 덖은 허브 솔트, 수제 허브 소스류, 오리지널 허브 티, 오리지널 바질페스토, 흑임자드레싱 등이 그것입니다. 그중에서도 특히 허브를 이용한 상품이 많아 인상적입니다.

어느 날, 신문에서 우연히 허브에 관한 기사를 읽고 게이코 씨는 '바로 이거다!' 하고 직감했다고 합니다. 그녀는 그길로 구마모토 시내의 한 선생을 찾아가 아로마 테라피, 허브 염색, 허브 요리 등 허브에 관한 온갖 지식을 배웠습니다. 그녀는 리스^{wreath} 제작이 자신이 앞으로 나아갈 길이라고 판단하고 5년 동안 열심히 공부한 뒤 수제 리스 교실을 열었습니다. 짬짬이 농사일을 하면서 차츰 수강생을 늘려나갔습니다.

처음에는 우메키 씨도 일은 많은데 취미 생활이나 하며 싸돌아다닌다고 속으로 싫어했다고 합니다. 그러다가 수강생이 점점 늘어나자 차츰 긍정적으로 생각이 바뀐 겁니다. 이후 수제 리스 교실은 꾸준히 성장하여 시작한 지 5년여 만에 흑자로 돌아섰습니다. 온종일 수제 리스 강좌가 진행되어 그 수입만으로 농가를 운영하는 일도 가능하게 되었습니다.

애플민트와 허브 농원 건물

허브 제품도 살 수 있다.

오리지널 허브 티와 스콘

수제 허브 소스

'애플민트와 허브농장'이라는
이름의 유래

'애플민트와 허브농장'이라는 이름은 사과를 뜻하는 '애플'과 허브의 대명사격인 '민트'가 결합한 애플민트에서 유래했습니다. 여기에 허브가 더해져 '애플민트와 허브농장'이라는 이름이 만들어진 겁니다.

"키우면서 알게 됐는데, '애플민트'는 가장 튼튼한 허브예요. 아무리 날이 가물어도 말라비틀어지는 일이 없거든요. 그래서 농장 이름에 '애플민트'를 넣기로 했지요. 얼핏 보면 약해 보여서 가장 먼저 쓰러질 것 같은데, 쓰러지지 않거든요. 우리 농장도 그러기를 바라는 마음에 지은 이름이랍니다."

게이코 씨의 말입니다.

2005년부터 게이코 씨는 친환경 레스토랑 '바람의 숲' 경영을 맡기 시작했습니다. 수제 허브 티나 좋은 쌀을 좀 더 많은 사람에게 먹이고 싶다는 생각에 우선 주먹밥집을 해보기로 한 두 사람은 이야기를 나누면 나눌수록 점점 더 자연식에 매료되었습니다. 결국, 친환경 식당을 열기로 하고 매크로바이오틱에 정통한 한 여성에게 주방장을 맡기기로 했습니다.

처음에는 의도한 대로 일이 진행되지 않았습니다. 식당일을 전부 그 여성에게 맡겼는데, 오히려 큰 부담감을 느꼈던 모양입니다. 극도로 스트레스를 받던 주방장은 오픈한 지 1년 반 만에 그만두고 말았습니다. 그 바람에 게이코 씨는 다른 생각을 할 겨를도 없이 식당 운영을 떠맡게 되었습니다. 한동안 식당 일 이외의 다른 일에는 거의 신경을 쓸 수 없었습니다. 공교롭게도, 그 무렵 수제 리스 교실도 유행이 지나가면서 자연스럽게 수강생이 줄어들기 시작했습니다.

레스토랑을 오픈한 지 3년. 적자가 누적되면서 좀처럼 정상 궤도에 오르지 못하고 있을 때였습니다. 어찌 된 일인지 차츰 입소문이 퍼져 나가면서 손님들이 모여들기 시작했습니다.

"보통의 주부가 만드는 요리지만, 매일 먹어도 질리지 않고 몸에 좋은 요리를 만들어 고객에게 제공하고 싶었어요."

게이코 씨의 말입니다.

매크로바이오틱은 아니지만 게이코 씨의 정성이 들어간 요리는 많은 사람에게 매력적으로 다가왔습니다. 양상추나 버섯류는 인근 농가에서 재배한 것을 사용했고, 채소류는 대부분 자가 재배로 해결했습니다.

레스토랑에 앉아 직접 볼 수 있는 논. 그곳에서 재배하고 추수하는 기요라 쌀을 먹을 수 있는 친환경 레스토랑. 이 무렵부터 게이코 씨는 메뉴에 맞춰 채소를 직접 키우고, 소스를 만드는 데에 사용할 이탈리안 토마토를 재배하고, 수제 소시지를 만들어 사용하기 시작했습니다.

자연에서 나온 좋은 재료를
사용해 만드는 바른 음식

내가 '애플민트와 허브 농장'의 존재를 알게 된 것은 조금 우연한 계기였습니다. 어느 지인의 소개로 방문하게 된 친환경 레스토랑 '바람의 숲'에서 식사하고 있을 때였습니다. 게이코 씨가 요리하는 '바람의 숲' 1,500엔. 간단한 채소 중심의 점심 메뉴였습니다. 식사를 마친 뒤 곰곰이 생각해보았습니다. 만족감이 매우 큰 식사였습니다. 그동안 먹어본 다른 어떤 메뉴와도 비교할 수 없는 충만함 같은 걸 느꼈습니다. 그 한 번의 식사를 통해 먹을거리가 독자적으로 존재하는 것이 아니라 그것을 키워내는 농가와 요리사가 모두 하나로 연결되어 만들어진다는 깨달음을 얻었습니다.

'자연에서 나온 좋은 재료를 사용해 만든 바른 음식을 먹으며 살아야 하는데……' 문득 그렇지 못한 현실을 떠올리자 서글픈 생각이 들었습니다. 바로 눈앞의 논에서 바람을 맞아가며 자란 기요라 쌀의 풍성한 맛, 갓 수확한 채소의 싱싱함. 이런 것이 몸에 그대로 흡수되어 우리의 피를 만들고 살을 만든다는 기분 좋은 자각. 당시 내가 먹은 것은 토마토소스로 조린 허브 치킨과 두유를 사용한 수제 참깨 두부, 망강지 고추와 가지의 '히고무라사키'를 전분을 입혀 튀긴 것, 수제 단호박 포타주, 눈앞의 논에서 키워진 기요라 쌀로 지은 밥이었습니다.

"바람의 숲은 화학조미료를 일절 사용하지 않고 천연 조미료만 사용해요. 가공품도 마찬가지로 전혀 사용하지 않는답니다. 모든 식재료가 자연 그대로의 상태예요."

게이코 씨의 말입니다.

화학조미료와 가공품을 사용하지 않고 자연 상태의 식재료만 사용하는 것은 말처럼 쉬운 일이 아닙니다. 단언하건대, 일본의 식당을 통틀어 바람의 숲처럼 철저히 그 원칙을 지키는 식당은 아마 거의 없을 겁니다.

화학조미료에 길들면 원래의 맛을 잘 모르게 됩니다. 나도 이전에는 화학조미료에 익숙해져 있어서 그 본래의 '맛'을 잘 몰랐습니다. 부끄러운 일이지만, 그 '맛'을 알게 된 것은 겨우 3~4년 전부터입니다. 아무튼, 화학조미료를 천연 조미료로 바꾸게 되면서 삶에 많은 변화가 일어났습니다. 화학조미료를 끊게 되면 처음엔 맛이 없다고 느끼기 쉽습니다. 화학반응 자극이 부족하기 때문입니다. 그러나 천연 조미료로 조리한 음식들을 먹게 되면서 차츰 그것들의 '맛난 맛'은 지금까지 알고 있던 맛과는 전혀 다른 차원의 맛이라는 걸 깨닫게 됩니다.

사람이 음식을 먹고 '맛있다'라고 느끼게 되는 것은 확실히 주관적인 감각이자 판단일 수밖에 없습니다. 화학적으로 만들어진 감칠맛 나는 조미료에 반응하는 지금까지의 식습관에서 하루 빨리 벗어나야 합니다. 또한, 우리가 평소 느끼는 음식 맛이 조미료 소재의 감칠맛인지 자연 그대로의 맛인지 구별하는 능력도 함께 키워야 합니다. 어찌 되었든 바람의 숲의 식재료가 지닌 깊고 신선하고 풍성한 맛에 나는 크게 감동했습니다.

바람의 숲 단골손님 중에는 채식주의자가 많다고 합니다. 당연히 그들은 대부분 채식 위주의 식단을 추구하는 사람들입니다. 하지만 이 식당은 자신의 고객을 채식주의자로만 한정하지는 않습니다. 여러 가지 고기를 먹을 수 있는 일반적인 메뉴도 준비되고 있습니다. 특히 주목할 만한 메뉴로는 알레르기가 있는 아이들도 먹을 수 있는 키즈 메뉴인 '토끼 런치'를 들 수 있습니다. 이 메뉴는 부모가 사랑하는 자식에게 제공할 만한 '사랑의 메뉴'로 손색이 없습니다.

"일반 식당에서 아이들이 제대로 된 점심을 먹을 수 없다는 사실이 무척 안타까웠어요. 그래서 고민 끝에 알레르기가 생기기 쉬운 5대 식품(콩·밀가루·우유·달걀·메밀)을 사용하지 않는 신메뉴를 개발하게 되었죠. 그리고 알레르기가 있는 아이를 데리고 온 부모도 마음 편히 식사할 수 있게 해주고 싶었어요."

게이코 씨의 말입니다.

이런 메뉴를 계속 유지해나가기 위해서는 뜻밖에도 많은 노력이 필요합니다. 제한된 식재료에서 알레르기를 일일이 점검해야 하는데, 이게 말처럼 녹록한 일은 아닙니다. 가격 문제도 있습니다. 디저트나 수프를 곁들이게 되면 보통의 850엔 정도 가격으로는 이익을 남기기 어렵기 때문입니다.

'바람의 숲'은 알레르기가 있는 사람에 대한 배려 차원에서 소스 등의 가공품도 어떤 소재를 사용했는지 등 재료를 정확하게 표시하고 있습니다. 아토피에 효과가 있다는 소문이 나면서부터 아소의 오토히메온천을 찾는 사람들이 이곳을 더욱 자주 방문한다고 합니다. 아소가 가깝다고는 하지만, 차로 한 시간 남짓 걸리는 터라 그리 가깝지만은 않은 거리입니다. 이는 관광지 식당이 많지만 제대로 된 식당은 뜻밖에도 많지 않다는 것을 보여줍니다.

레스토랑에서 논과 밭의 전망을 볼 수 있다.

주방을 지키는 우메키 게이코 씨　　　허브 티 향이 상쾌하다.

디저트 수준도 높다.

토끼 런치 850엔

수확한 토마토를 상자에 넣는 맛짱과 우메키 쇼이치 씨

살아 있는 모든 것이 '바른 일'을 하는 곳, 미나미오구니초

우프^{WWOOF}를 아시나요? '우프'는 사람과 사람이 연결되어 만들어진 국제적 네트워크입니다. 유기농장을 중심으로 농장에서는 식사와 숙박 장소를 제공하고, '우퍼'라 불리는 봉사자가 일을 도와주는 시스템입니다. 노동이 아니므로 일한 대가를 지급하지는 않지만 유기농업이나 자연환경, 구체적인 농촌생활이나 농촌에서 살아가는 법 등 유익한 것을 배울 수 있습니다. 대부분 인터넷에 정보가 올라가고, 그 정보를 바탕으로 '우퍼'가 도와줍니다. 이전에 '바람의 숲'을 취재하러 갔을 때는 미국 여성인 우퍼가 많은 도움을 주었습니다.

"농업은 도시에서 온 젊은이에게는 접근하기 쉽지 않은 분야일 수도 있어요. 성급하게 참여하려 하다 보면 폐쇄적인 면이 많아 난관에 부닥칠 가능성이 크죠. 그러나 오늘날의 농가는 점점 고령화가 진행되어갈수록 일손이 부족해지고, 그 바람에 토지도 놀고 있는 것이 현실이에요. 그런 터라 우리 같은 세대가 완충재 역할로 농업을 하게 되면 안정적으로 독립할 수 있는 길이 열릴지도 몰라요. 게다가 젊은 세대는 잡초가 막 자라나도 별로 신경 쓰지 않기도 하고요."

우메키 씨의 말입니다.

원래 미나미오구니초는 오이, 무, 시금치, 표고버섯, 쌀 등의 특산품이 많고 적우를 많이 기르는 지역입니다. 주로 여름에 재배하고 겨울에는 할 일이 없어서 예전에는 외지로 돈을 벌러 나가는 일이 많았다고 합니다. 그런 관습이 남아 요즘도 겨울에는 주부들이 한데 모여서 여관이나 토산품 가게에서 판매하는 만주 등을 만듭니다.

여전히 농가 사람들은 서로 연대의식도 강하고 모두 힘을 합쳐서 마을을 지탱하고 있습니다. 보통 무농약 재배를 하는 농협과는 소원해지게 마련이지만, 우메키 씨는 농협의 임원도 맡으면서 유기농 재배나 직접 판매하는 방법을 적극적으로 모색하고 있습니다.

서로를 인정하고, 적대시하지 않고, 사이좋게 균형을 유지하며 미래를 꿈꿉니다. 미나미오구니초는 그런 장소입니다. 그래서 미나미오구니초의 토지를 생각하면 기분이 좋아집니다. 이곳을 찾을 때마다 내 몸과 마음의 독소가 씻겨 나가고 병이 치유되는 걸 느낍니다. 미나미오구니초라는 장소의 청명함, 그곳에 사는 사람과 사람들의 관대함과 열정. 이것이 미나미오구니초의 먹을거리에도 적잖이 영향을 미쳤으리라 생각합니다.

참고로, 우메키 씨의 애견 이름은 'DJ 초스케 어퍼컷uppercut'입니다. 처음 이곳을 방문했을 때 녀석은 나를 보더니 벌떡 일어서서는 너무도 자연스럽게 우메키 씨가 있는 곳으로 안내해주었습니다. 이곳은 인간을 비롯한 모든 살아 있는 것들이 '바른 일'을 하고 있었습니다.

우메키 쇼이치

1959, 구마모토 현 아소 군 미나미 오구니초 마을에서 태어났다. 농업 고등학교를 졸업한 뒤 가업을 이어 농업에 뛰어들었다. 그가 개발한 무농약 쌀 '기요라 쌀'이 제1회 규슈 쌀 경연대회의 무농약 부문에서 최우수상을 받았다. 구마모토 현에서 가장 먼저 막걸리 제조 면허를 취득하기도 했다. 100% 기요라 쌀을 사용한 막걸리 '바람의 사찰'로 호평받고 있다. 블루베리 수확 체험이 가능한 농원과 자가 농원에서 채취한 채소나 쌀을 먹을 수 있는 자연식 레스토랑 '바람의 숲'을 운영한다.

삿포로

도쿄

교토 나고야

히로시마

오사카

후쿠오카

4

밭을 무대로 활동하는 농부 아티스트

가네다 요시오 씨 ─ 가루이자와의 유기농원
Orto Asama(오루도 아사마)

왕성한 생명력으로
깊은 맛과 감동을 선사하는 채소

해발 1,100m, 가루이자와의 고급 별장이 들어선 아름다운 산속에 밭이 있습니다. 밭일할 때면 마치 이곳이 자신의 독무대라도 되는 듯 목청 높여 즐겁게 노래 부르는 이 남자, 가네다 요시오 씨. 올해 74세입니다.

이 농장은 가루이자와의 일류 호텔과 고급 레스토랑의 셰프들이 단골로 이용하는 유럽 채소를 재배합니다. 이곳에서는 엔다이브, 트래비스, 레디시 등의 치커리류 채소와 롤로로소$^{Lolo Rosso}$, 로메인 등의 양상추류 채소, 주키니, 파프리카, 토마토, 허브 등 50~60종의 채소가 자라고 있습니다. 모두 무농약, 무화학비료로 재배되며 유기농 인증 마크도 취득했습니다.

'가루이자와의 유기농원, 오루도 아사마.' 가네다 씨 농원의 정식 명칭입니다. 이름처럼 아사마 산기슭에 자리 잡고 있으며, 아사마 산과 가장 가까운 농원입니다. 아사마 산과 가깝다는 건 그만큼 높은 지대에 자리 잡고 있다는 의미인데요. 그러니 당연히 기온도 낮을 수밖에 없습니다.

가루이자와는 여름에 시원해서 지내기 편합니다. 그러나 겨울에는 눈이 많이 오고, 서리가 내리면 이내 기온이 영하로 내려감니다. 사실, 가루이자와는 채소를 재배하기에 적합한 땅이라고 말하기는 어렵습니다. 그러나 놀랍게도 이곳에서는 연중 파릇파릇한 채소가 자랍니다. 어떻게 이런 기적이 일어난 걸까요?

사실 몇 년 전만 해도 가루이자와에서 겨울철에 농작물이 재배되지 않았다고 합니다. 언젠가 유기농 식당 오루도 아사마를 취재한 적이 있었는데, 그때 식당 주인이 '겨울은 완전한 농한기'라고 말했습니다.

한데, 놀랍게도 몇 년 만에 오루도 아사마를 재방문했을 때 영하 15℃의 추운 날씨에도 부지런히 채소를 수확하는 걸 볼 수 있었습니다. 더욱 놀라운 것은, 비닐하우스 재배가 아닌 100% 노지 재배 채소였습니다.

"채소를 강하게 키우기 위해 어릴 때부터 모종을 밖에 내놓고 찬바람을 맞게 해요. 사람도 마찬가지 아닐까요? 강하게 키우려면 시련을 견뎌내게 해야 하거든요."

가네다 씨는 이렇게 말하며 씩 웃었습니다. 어린 모종 상태에서 차가운 바람을 맞게 하여 어려서부터 추위를 잘 견뎌내는 강한 채소로 기른다는 겁니다.

강한 채소. 가네다 씨가 늘 입버릇처럼 하는 말입니다. 강한 생명력을 가진 채소야말로 감칠맛을 내는 깊은 맛의 채소로 자란다고 합니다. 가네다 씨는 정말로 그렇게 믿고 있습니다.

"동사 직전까지 찬바람을 맞게 한 다음, 얼기 직전에 안으로 들여놓죠. 이 과정을 여러 번 반복하다 보면 강한 채소로 자랍니다."

가네다 씨의 말입니다.

영하의 날씨에도, 눈이 내리는 날에도 가네다 씨는 귀한 자식을 혹독하게 단련시키듯 야외에 채소 모종을 내놓고 찬바람을 맞게 합니다. 혹독한 환경에서 자란 모종들이 지닌 생명력을 최대한 끌어내어 영하의 기온에서도 꿋꿋이 살아남는 강한 채소로 키우는 겁니다. 사실, 채소는 한겨울에 거의 자라지 않는 상태가 됩니다. 물론, 엄밀히 말하면 아주 조금씩은 자라겠지만 사실상 거의 휴면 상태에 가깝다고 볼 수 있습니다. 그러나 입춘이 지나면서 차츰 기온이 올라가면 채소는 빠르게 자라기 시작해서 아주 튼튼하면서도 훌륭한 맛을 내는 최고급 채소가 된다고 합니다. 이것이 바로 채소가 가진 놀라운 생명력입니다.

물론 모든 모종이 순조롭게 키워지는 건 아닙니다. 찬바람을 자주 맞은 모종들은 자칫 죽어버리기도 합니다. 어떤 때는 40개의 모종 중 2개 정도만 살아남기도 합니다. 어느 정도 마음을 비우지 않으면 꾸준히 유지해가기 어려운 농사법입니다.

제대로 된 사람은 자기 자식을 오냐오냐하며 제멋대로 키우지 않습니다. 제멋대로 키운 아이는 인내심이 길러지지 않아 무슨

모종 상태에서 찬바람을 맞히고 있다.

일을 하든 쉽게 포기해버립니다. 그렇게 어른이 되면 큰일입니다. 자기 인생을 제대로 꾸려나갈 수가 없습니다. 그런 어른이 많은 사회는 암담합니다. 반대로, 엄한 교육을 받고 자란 사람은 인내심이 강해 웬만큼 어려운 일을 당해도 쉽게 포기하지 않습니다. 자기 자신을 잘 지켜낼 줄 알고, 다른 사람과 서로 적극적으로 협조할 줄 알며, 인간미가 넘치는 어른이 됩니다.

채소도 마찬가지입니다. 차가운 기온과 바람을 맞으면서도 쓰러지거나 죽지 않고 꿋꿋이 이겨낸 채소가 그 왕성한 생명력으로 깊은 맛과 감동을 선사합니다. 예를 들어, 토마토의 단맛을 향상하려면 물을 너무 많이 주어서는 안 됩니다. 최소한의 수분만을 공급해야 합니다. 토마토는 기본적으로 수분을 좋아합니다. 주는 대로 잘 흡수합니다. 그러나 토마토가 원하는 대로 수분을 공급하다 보면 맛이 떨어지고 매력 없는 토마토를 맺게 됩니다. 모든 게 충족된 상태에서 기를 때보다 다소 부족하고 거친 환경에서 스스로 그 환경을 이겨내는 힘을 키울 수 있도록 재배할 때 토마토는 훨씬 맛있고 품질 좋은 열매를 맺습니다.

참고로, 오루도 아사마에는 밭 옆에 3평 남짓한 넓이의 작은 비닐하우스가 있습니다. 무슨 용도로 사용되는 비닐하우스인지 궁금하지 않나요? 얼어 죽기 직전의 모종을 잠시 옮겨두기 위한 비닐하우스입니다. 또한, 영하 15℃에서 채소를 수확하게 되면 꽁꽁 언 땅을 곡괭이로 파가며 수확하게 되므로 채소도 언 상태일 수밖에 없습니다. 그 상태로 출하할 수는 없으므로 이 비닐하우스 안에서 녹인 다음 출하하는 겁니다.

우박도 견뎌내는
강인한 유럽 재래종

가네다 씨를 처음 만난 것은 어느 잡지의 레스토랑 취재 목적으로 이곳을 방문했을 때였습니다. 그때 나는 가네다 씨와 함께 농원에 가서 밭에 대해 여러 가지 질문을 했습니다. 가네다 씨는 "나는 밭에서 일할 때가 제일 행복합니다!"라고 말하며 활짝 웃는 얼굴로 질문에 답했습니다.

무척 밝고 기분 좋은 웃음이었습니다. 듣고 있으면 내 마음까지 푸근해지는 웃음이라고나 할까요. 가네다 씨의 '강한 채소' 재배하는 이야기를 듣고 있자니 그 채소가 너무도 먹고 싶었습니다. 인터뷰를 마치자마자 곧바로 레스토랑으로 달려가 채소를 먹었습니다.

과연 듣던 대로 참 놀라운 채소였습니다. 우선, 그 단단함이 여느 채소와는 확연히 달랐습니다. 입에 넣고 씹어보니 식감도 굉

두꺼운 잎사귀가 늠름하다.   존재감 있는 서니 상추

장히 좋았습니다. 게다가 무척 두꺼웠습니다. 처음엔 실수로 한꺼번에 몇 장을 겹쳐서 먹었나 싶어 자세히 살펴보니 한 장이었습니다. 뭐랄까. 단순히 진한 맛이라기보다는 깊이가 있으면서도 강건함이 느껴지는 맛이라고나 할까요! 아무튼 너무 맛있어서 먹는 도중 누군가 그만 먹으라고 한다면 큰 소리로 '절대 안 돼!'라고 소리칠 만큼 훌륭한 맛이었습니다. 수확한 지 한참 지났는데도 생생히 살아 있는 것 같은 느낌도 들었습니다. 그날 나는 식사 후 추위를 견디며 겨울 밭에서 열심히 자란 채소에 마음속 깊이 경의를 표했습니다.

오루도 아사마의 채소에는 한 가지 중요한 요소가 더 있습니다. 그것은 바로 '종자'입니다. 나라의 전통채소를 키우는 '아와'의 미우라 부부 편에서도 자세히 언급했는데요. 아와와 마찬가지로 오루도 아사마 역시 F1 종자를 사용하지 않습니다. F1 종자는 종묘회사가 인위적으로 만든 교배종입니다. 그러나 오루도 아사마에서 사용하는 종자는 일본의 오랜 전통채소가 아닌 유럽 대륙에서 건너온 종자입니다.

가네다 씨는 여러 번 이탈리아의 농촌을 방문하여 좋은 종자에 관한 살아 있는 정보를 수집했습니다. 그런 다음 정식 절차를 밟아 일본에 들여왔습니다. 이탈리아의 농가 사람들은 자신이 키우는 채소를 무척 자랑스럽게 생각합니다. 물론, 그들은 재래종을 자가 채종하는 방식으로 채소를 재배합니다. 그곳에는 일본에서는 만나기 어려운 이탈리아 재래종 채소가 깜짝 놀랄 정도로 많았습니다. 역시 슬로푸드를 맨 처음 시작한 나라다운 일입니다.

"자가 채종은 예전부터 문제가 많았어요. 그런 터라 저도 최대한 조심스럽게 이 부분을 다루고 있지요. 내가 생각하는 이상적인 자가 채종은 '저절로 땅에 떨어진 종자'에서 시작하는 겁니다. 작년에 심은 채소가 자연스럽게 종자를 퍼뜨려 그 씨앗에서 나온 채소가 다음 해에 발아하는 걸 기다리는 거죠."

가네다 씨의 말입니다.

결국, 가네다 씨가 추구하는 자가 채종은 야생에 가까운 방식입니다. 강하고 깊은 감칠맛을 내는 오루도 아사마의 채소에는 모양과 출하 시기를 중시하는 F1 종이 아닌 본래 종자가 가지고 있는 '맛난 맛'과 강한 힘이 숨겨져 있습니다.

물론 아사마 산기슭 토지가 가진 이점도 있습니다. 가까운 곳에 아사마 산이 있고, 경석 등의 용암 돌이 풍부합니다. 배수가 잘 되는 것도 이곳 토양의 특징입니다. 이것은 가루이자와에서는 매우 중요한 요소입니다. 왜냐하면, 여름의 가루이자와에서는 종종 양동이로 물을 들이붓는 것처럼 폭우가 쏟아지곤 하기 때문입니다. 만일 씨앗을 뿌린 직후에 큰비가 내리기 시작하면 자칫 씨앗이 어디로 날아가 버릴지 알 수 없게 됩니다. 그뿐만 아니라 우박 피해도 상당히 큽니다. 그러나 오루도 아사마의 채소는 설령 우박을 맞아도 버텨낼 정도로 대단한 생명력과 강인함을 가지고 있습니다.

아이들이 맨발로 뛰어놀 수 없는
밭은 문제가 있다

가네다 씨는 자기 자신을 '아티스트'라고 부릅니다. 오루도 아사마를 방문했을 때 밭이 마치 하나의 거대한 그림처럼 다양한 색깔의 채소들로 장식되어 있었습니다. 만일 누군가가 하늘에서 이 광경을 본다면 그의 눈에 아름다운 꽃이 피어 있는 거대한 꽃밭처럼 보일지도 모릅니다.

"농업은 그야말로 창조적인 작업입니다. 농민은 자신이 아티스트라는 사실을 잊지 말고 날마다 감성을 갈고닦아야 합니다. 대자연의 혜택을 넉넉히 받아들여 열심히 일해야 합니다. 그런 성실한 자세가 필요합니다.

"즐겁게 일하세요. 앞으로의 일을 걱정하며 불안에 떨기보다는 매일매일 우직하게 자신에게 주어지는 일을 받아들이세요."

가네다 씨가 강조하는 말입니다. 인터뷰하는 내내 '내가 지금 농민이 아니라 예술가와 인터뷰하고 있다'는 착각에 빠지곤 했습니다.

그렇습니다, 아티스트! '아티스트'라는 이 단어에서 '농업이 나아갈 길'을 분명하게 보여주겠다는 가네다 씨의 의지를 엿볼 수 있었습니다. 많은 유기농가와 마찬가지로 가네다 씨의 밭도 다품종 소량생산 방식으로 재배하고 있습니다. 대규모 농업과 마찬가지로 한 종류의 채소를 대량으로 재배하는 것이 아니라 여러 종류의 채소를 조금씩 재배하는 겁니다. 여러 가지 채소를 재배하는 방식은 병충해를 예방하고 극복하는 데에도 효과적입니다. 실제로, 하나의 밭에 같은 종류의 채소만 심었을 때보다 여러 가지 채소를 심었을 때 질병 발생률이 훨씬 낮다고 합니다.

특히 오루도 아사마에서는 '컴패니언 플랜츠Companion Plants'의 가능성을 중요시합니다. 컴패니언 플랜츠란 글자 그대로 여러 가지 채소나 허브를 한 밭에서 같이 키우는 걸 말합니다. 그렇게 함으로써 각각의 채소가 서로 생장에 도움을 주도록 유도하여 전체적인 생산성을 키우고 품질을 향상하는 '윈윈' 방식입니다. 예를 들어 토마토 주변에 바질을 함께 키우면 바질이 토마토의 병충해 발생을 억제하고, 심지어 토마토 맛까지 더욱 좋아지게 하는 긍정적인 효과가 있습니다.

다품종 소량 재배와 '컴패니언 플랜츠'를 결합하여 장점을 극대화하는 재배 방법을 개발한 가네다 씨. 그는 단순한 농민을 넘어 일종의 아티스트로서 밭을 진정 아름다운 농원을 만드는 일에 모든 열정을 쏟아붓고 있습니다.

　실제로 영농을 하는 밭이면서 동시에 아이들부터 노인까지 모든 사람이 한데 모여 마음 놓고 놀며 즐길 수 있는 농원. 인터내셔널 스쿨 여름캠프로 아시아의 어린이들이 농원학습을 방문하는 경우도 드물지 않다고 합니다.

　"숲과 조화로운 정원이에요. 다양한 채소와 허브가 자라는 꽃밭 같은 농원. 여기에 꿀벌과 잠자리가 날아다니고, 나비가 춤추고, 사마귀와 거미가 함께 살고, 땅속에서는 지렁이가 꿈틀거리지요. 이것은 사실 그리 어려운 일이 아니에요. 그저 보통의 일이지요. 요즘 사람들은 그런 일상의 소중한 일들을 모두 망각해버린 듯해요. 자, 우리 모두 농사를 지어요. 밭은 충분하니까 어린이부터 노인에 이르기까지 모두 농사짓는 일에 참여한다면 거기에서 거두어지는 농작물의 양은 어마어마할 거예요. 그렇게 되면 식량 자급률 상승에도 큰 영향을 미치겠죠. 대규모 농업 같은 방식은 이제 더는 필요하지 않아요. 농약이나 화학비료도 당연히 필요하지 않죠. 아이들이 맨발로 뛰어놀 수 없는 밭은 그 자체로 뭔가 이상한 거예요. 대형기계도 필요 없어요. 단일 품

가네다 요시오 씨. 겨울철 가이루자와에서

목 재배 같은 건 이제 잊어버리세요. 상황 변화에 재빨리 대응할 수 있는 경작 방법이 좋다고 생각해요. 요즘은 여자도 쉽게 관리할 수 있고 농사지을 수 있는 경작지가 얼마든지 있어요. 그런 땅 200~300평 정도면 충분히 시도해볼 만하답니다. 제가 지금 하는 일이 바로 그런 일이거든요."

그 말뜻을 잘 아는 호텔 셰프가 가네다 씨를 보며 씩 웃었습니다. 그리고 이렇게 말하더군요.

"가네다 씨는 손수레 하나로 채소 농사를 짓지요."

'지속 가능한 농업, 지속 가능한 채소 키우기'를 목표로

대규모 농업으로 균일화된 채소를 만드는 시대는 이제 지났습니다. 밭에 대량의 화학비료를 뿌리고, 자주 농약을 치고, F1 종자를 매년 사서 심고 키우는 방식은 우리 인간의 건강과 환경에 좋지 않을 뿐 아니라 매우 비효율적입니다. 이런 구조 아래에서 이익을 보는 것은 오직 하나, 기업뿐입니다. 게다가 매년 농가에서 지출하는 비용도 만만치 않습니다. 여러 가지 대형기계를 사기 위해 대출을 얻어야 하고, 보조금에 목을 매야 하며, 많은 노동력을 쏟아부어야 합니다. 그러면서도 엎친 데 덮친 격으로 건강까지 해치는 일입니다. 사람 건강만 해치는 게 아닙니다. 환경도 파괴합니다. 밭에 뿌린 비료나 농약이 땅속으로 스며들어 지하수를, 그리고 강과 바다를 오염시킵니다. 도대체 왜 이런 농업에 목을 매야 할까요.

가네다 씨가 특히 한탄하는 것은 밭에 사용하는 '비닐'입니다. 유럽에서는 누구도 이런 비닐을 사용하지 않는다고 합니다. 눈부시게 쏟아져 내리는 햇볕을 대지가 받으면 저절로 자외선 소독이 이루어지는데, 흉측한 비닐을 쳐서 햇볕을 막기 때문에 땅에 세균이 득실거리게 되고, 또 그걸 없애기 위해 독한 살균제를 끝도 없이 치는 악순환이 발생하는 겁니다.

'비닐 멀칭vinyl-mulching'이란 밭에 씌워져 있는 재배용 비닐을 말합니다. 비닐을 덮음으로써 잡초를 억제할 수 있고 흙이 튀어오르는 것도 막을 수 있어 오랫동안 많은 농가에서 사용해왔습니다. 그러나 오늘날 이 비닐 멀칭은 심각한 사회문제로 대두하고 있습니다. 전국적으로 가구당 농지 면적은 평균 1.5헥타르ha 정도입니다. 여기에 사용되는 농업용 비닐은 되살릴 수 없는 산업폐기물이 되며, 그걸 처리하는 과정에 적지 않은 환경오염을 유발합니다.

요즘은 비닐 멀칭을 밭에서 태우는 것이 법으로 금지되어 있습니다. 그러나 예전에는 다이옥신을 뿌리며 비닐을 밭에서 태우는 농가가 드물지 않았습니다. 그러니 자연환경을 소중히 생각하는 가네다 씨가 길게 한숨을 내쉬며 탄식하는 것도 무리는 아닙니다.

자연에 몸에 맡기면 몸도 마음도 정화됩니다. "흙과 작물을 접하는 일은 명상과 마찬가지로 영혼을 해방하는 일입니다"라고 힘주어 말하는 가네다 씨. 그는 이미 헤르만 헤세의 경지에 다다른 것 같습니다. 우주비행사가 본 아름답고 신성한 지구. 그것을 본 사람이라면 누구나 감동하지 않을 수 없을 겁니다. 양심이 있다면 이렇게 아름다운 지구를 자기들 멋대로 파괴할 수는 없지 않을까요? 자연 속에서 모든 생명체가 공존하며 사는 삶을 살고 싶지 않나요?

'지속 가능한 채소 키우기'는 의지만 있다면 얼마든지 실천에 옮길 수 있는 일입니다. '지속 가능함'을 의미하는 단어 '서스테이너블sustainable'과 '환경·생태'를 뜻하는 단어 '에콜로지ecology'. 이 두 가지 관점을 놓치지 않고 꿋꿋이 지켜내며 원래의 자연 상태로 돌아가고자 노력하는 것. 이것이 바로 우리가 삶 속에서 실천해야 하는 중요한 일입니다.

하지 말아야 할 것을 하지 않는
독특한 농법

가네다 씨가 태어난 미야기 현 구리하라 시. 그는 지금도 그 모습
이 남아 있는 이다치 가문의 무가 집안에서 태어났고, 어려서부
터 예의범절과 인성교육을 중시하는 엄한 가정에서 자랐습니다.
또한, 자신이 한 일에 대해 책임짐으로써 자부심을 키워가고 자
기 자신을 엄격하게 다스리며 바르게 살아가는 것이 진정한 사내
대장부가 되는 길이라고 배웠습니다.

현립 츠키다테 고등학교를 졸업한 뒤 가네다는 18세에 도쿄의
중앙대학 법학부 법률학과에 입학했습니다. 졸업 후에는 기업에
취직하여 법률 분야의 업무를 담당했습니다. 농업과는 전혀 관
계가 없는 평범한 샐러리맨의 삶이었습니다.

그러나 도쿄에서 비즈니스맨으로서 생활하면서 그는 주말이
되면 거의 한 주도 빠지지 않고 산행을 갔습니다. 알프스 산맥이
나 관동 지역의 크고 높은 산을 등반하면서 등반 가이드를 해볼
까 하는 생각이 들 정도로 산행과 관련된 일을 좋아했습니다. 그
는 하루라도 빨리 산속에 살면서 자연과 깊이 교감하고 싶은 마
음이 간절했습니다.

사십 대 전후가 되어 가네다는 가루이자와의 별장을 샀습니

다. 이윽고 주말이 되면 '숲 속의 집'이라는 이름을 붙인 그 집에서 자신이 먹을 채소를 직접 키웠습니다. 산에서의 삶은 가루이자와에 사는 것으로 어느 정도 충족되었으나 아직 온전히 채워진 것이 아니었습니다. 이제는 대지와 깊이 있게 만나고 싶다는 생각이 간절했습니다. 회사에서 그는 이사까지 승진한 뒤 64세에 정년퇴직했습니다. 그의 세 자녀도 모두 장성하여 각자 자신의 삶을 찾아 떠나게 되자 가네다 씨는 오랫동안 꿈꾸어온 농장을 세우고 가꾸기로 마음먹었습니다.

다행히도 운이 좋았던지 그는 별장지 관리인의 소개로 지금의 농지를 임대하는 데 성공했습니다. 농약을 거의 사용하지 않은 밭이었습니다.

경작을 시작한 지 10년이 지난 지금 가네다는 1,500평까지 확장한 토지에 허브를 포함하여 마스카라, 롤로로소, 마라비라, 젠테리아, 에스카롤, 바루바, 엔다이브, 카볼로네로, 마블레터스, 붉은 잎상추, 밀라노비앙카, 붉은 치커리 등 50~60종의 채소를 재배하고 있습니다. 그 밖에 프랑스의 제브라 토마토나 이탈리아 미니토마토 등 다양한 종류의 토마토도 심었습니다. 그뿐만이 아닙니다. 게다가 이 밭에는 주키니나 비트류만 하더라도 5~6종류나 자라고 있습니다. 보통 1년에 1~2회 정도만 경작하는 농가가 많지만 오루도 아사마에서는 연 3회가 기본입니다. 많을 때는 연

4~5회나 경작하기도 합니다. 채소는 그런 방식의 재배가 가능합니다. 땅이 지치지 않기 때문입니다.

"한랭지에서는 성장이 느리므로 아주 단단하게 자랍니다. 우리 농장에서는 '하지 말아야 할 것을 하지 않는 조금은 독특한 농법'으로 농사를 짓고 있어요. 밭에서 우리는 밭 그 자체 이외에는 그야말로 아무것도 사용하지 않아요. 채소는 불필요한 것을 받는 것을 좋아하지 않기 때문이에요. 채소는 원래 비료가 필요하지 않아요. 게다가 비료는 벌레를 부르기에 십상이죠. 벌레는 비료 성분 중 질소를 좋아하거든요. 그러므로 우리는 채소에 불필요한 것을 공급하는 대신 좀 더 열심히, 좀 더 정직하게 일할 뿐이에요. 한 가지 더, 중요한 게 있는데요. 우리는 밭에서 자란 잡초를 밭으로 다시 돌려보내 줍니다. 그것이 자연의 법칙이며, 자연이 작동하는 방식에 부합한다고 믿기 때문이에요."

오루도 아사마에서 사용하는 비료는 단 두 종류입니다. 약간의 '낙엽 퇴비'와 '맥주박(맥주 지게미)'이 그것입니다. 맥주박은 인근의 맥주 공장에서 그대로 버리면 폐기물이 되기 쉬우므로 밭으로 가져와 토양에 뿌려줍니다. 물론, 여기에서 맥주박은 유기맥주의 맥주박을 말합니다.

아주 심기를 기다리는 포트 모종
채소 상태를 확인하는 가네다 씨

자신이 농민임을
자랑스러워하다

이제, 종자에 관해 간략히 살펴봅시다. 가네다 씨는 정기적으로 이탈리아의 지방을 방문하여 현지 농가들과 교류하면서 일본의 우수한 음식 문화를 전파하고 있습니다. 이탈리아의 베네토 주나 토스카나 주에서 재배되는 치커리류 채소는 맛이 좋기로 전 세계적으로 유명합니다.

그런데, 놀랍게도 가네다 씨가 해발 1,100m의 아사마 산기슭에서 재배하는 채소 또한 절대로 그에 뒤지지 않습니다. 이렇듯 높은 지대에서 채소를 재배하는 농가는 전 세계적으로도 상당히 드문 편이라고 합니다. 가네다 씨는 '치커리류에 관한 한 원산지 채소를 뛰어넘었다!'라고 자신만만하게 이야기합니다. 이 정도의 자부심 없이 전 세계적으로 인정받는 최고의 작물을 재배할 수는 없지 않을까요!

일본에서는 봄철이 되면 다양한 작물이 자랄 수 있도록 하늘에서 적당한 이슬과 비가 내립니다. 이렇게 온난 습윤하며 농업에 적합한 나라도 그리 많지는 않을 겁니다. "이렇듯 하늘의 은총을 받은 일본이라는 나라에 산다는 사실과 안심하고 먹을 수 있는 농산물이 이렇게나 많이 나온다는 사실에 자부심을 가져야

해요"라고 가네다 씨는 말합니다.

유럽의 농가 사람들은 자신이 농민이라는 사실을 자랑스럽게 생각합니다.

"농민이 아닌 사람들은 농민들 덕분에 사시사철 맛있는 채소를 먹을 수 있다는 걸 잘 알고 있고, 그들이 지속해서 먹을거리를 공급해주는 것에 대해 진심으로 고마워하고 존경하는 마음을 갖고 있어요. 이건 매우 중요한 점인데요. 그들은 진지한 연구자의 자세로 책을 읽고 배웁니다. 그리고 더 나아가 사회에 공헌할 방법이 없을까 늘 고민합니다. 그들은 자신들의 소중한 문화를 유지하고 보존해야 한다는 의식도 높습니다. 그래서 농업역사박물관 같은 것을 만들어 그 생각을 실천에 옮기며 문화를 이어가려고 노력합니다. 또한, 그들은 농한기에는 전문가용 카메라를 들고 아프리카 들새 촬영을 떠나거나 따뜻한 나폴리에서 멋진 휴가를 즐기기도 합니다. 카니발에서 입을 의상을 직접 만들고, 캠핑카에 아이들을 태우고 다니며 다른 마을들을 방문하기도 합니다. 또한, 그들은 한 사람 한 사람이 자기가 사는 지역의 명사들이기도 합니다.

"유럽의 농가를 방문하여 이런 모습을 지켜볼 때마다 참 부럽다는 생각을 많이 해요. 우리나라의 농가 사람들이, 그중에서도 특히 지금부터 농업을 이어갈 젊은이들이 이런 모습을 보고 배우면 좋겠습니다. 유럽의 농촌에 가면 보고 듣고 배울 만한 좋은 것들이 너무도 많습니다."

가네다 씨의 말입니다.

그동안 일본 농가에 대해 사람들이 가진 일반적인 이미지는 유럽 농가와 비교했을 때 '폐쇄적이다'였습니다. 농민들은 농작물을 출하한 뒤 곧바로 농협에 맡깁니다. 그러다 보니 소비자의 반응을 곧바로 알기 어려울 뿐 아니라 자신이 사람들을 위한 소중한 먹을거리를 꾸준히 생산하고 있다는 실감도 나지 않습니다. 그러나 바야흐로 시대는 바뀌고, 이제 인터넷 판매나 직거래가 완전히 자리매김하는 등 유통의 대변혁을 맞이하고 있습니다. 그러므로 다음 세대는 지금까지와는 완전히 다른 농업문화를 쌓아가야 합니다. 그것은 가네다 씨의 말대로 유럽 농가의 그것에 좀 더 근접해가는 방향이 될 수도 있습니다.

자신이 재배한 농작물에 커다란 자부심을 느끼고 사람들의 소중한 먹을거리를 공급해준다는 긍지를 가진 농가 사람들. 그런 생각들이 모이고 모여 일본의 농업을 한 걸음 더 진화시킬 뿐 아니라 좀 더 신선하고 수준 높은 농작물을 생산하게 하는 원동력이 되는 게 아닌가 싶습니다.

유명 레스토랑 셰프들이
오루도 아사마 채소에 열광하는 이유

오루도 아사마 채소는 현재 '호텔 가고시마의 숲'이나 '셰 쿠사마 Chez-kusama' 등 가루이자와를 중심으로 관동권의 10개 정도 레스토랑에서 먹을 수 있습니다. 아직 그 이상의 양을 납품하기는 현실적으로 어렵다고 말합니다. 심지어 성수기마다 호텔에 납품하는 양을 대기도 벅찰 정도입니다. 많은 레스토랑이 오루도 아사마의 채소를 사용하고 있다는 걸 메뉴에 표시하고 있으므로 그양을 차질 없이 제공하는 것만도 보통 일이 아니라고 합니다. 또한, 현재 재배하는 작물의 품질을 높이고 새로운 품종을 개발하는 것도 중요합니다. 따라서 앞으로 차츰 양을 늘리기는 해야겠지만 그렇더라도 천천히 늘려가려고 한다고 말합니다.

채소 출하가 획기적으로 늘어나는 시기는 5월 연휴에서 8월까지입니다. 특히, 골든 위크golden week(일본의 황금연휴)에 맞춰 레스토랑에 채소를 대량으로 출하하려면 상추류 채소의 경우 겨울에 파종하지 않으면 안 됩니다. 가루이자와는 봄이라 하더라도 기온이 꽤 낮은 편이고, 채소가 출하 가능한 크기로 자라기까지 시간이 오래 걸리기 때문입니다.

치커리류의 채소는 추위에 특히 강하므로 8월에 파종하여 9월

레스토랑 셰프들이 밭에 찾아와 채소에 관해 정보를 교환한다.

에 아주 심기를 합니다. 그리고 그대로 영하의 온도에서 겨울을 지낸 뒤 봄이 되면 수확합니다. 겨울을 무사히 넘긴 채소는 매우 튼튼하고 훨씬 선명한 색을 냅니다. 이런 채소가 맛이 좋습니다.

가네다 씨는 사람과 사람과의 관계를 무엇보다 중요하게 생각합니다. 그런 터라 자신이 경영하는 레스토랑과 전문매장을 찾는 고객들에게 특별히 신경을 많이 씁니다. 고객들에게 농장 견학을 시켜주는 것은 물론이고 가끔은 셰프나 스태프들과 함께 노래방을 가기도 합니다. 어떤 레스토랑에 새로 스태프가 오면 가장 먼저 오루도 아사마에 데려와 선배 스태프가 밭과 채소에 대해 자세하게 설명해줍니다. 채소를 다루려면 먼저 밭 상태를 아는 것이 가장 중요하기 때문입니다.

요리장이나 셰프들의 신뢰가 매우 중요하므로 레스토랑에 납품되는 채소는 반드시 가네다 씨의 손을 거칩니다.

"시기마다 가장 좋은 상태의 채소를 보내야 합니다. 먼저 레스토랑 측이 상추류, 치커리류 등 필요한 채소와 필요한 양을 알려주죠. 그러면 가장 상태가 좋은 밭을 찾아 채소의 색이나 빛깔, 식감 등을 세밀하게 판단해요. 최상의 채소를 손님에게 제공하기 위해서지요."

가네다 씨의 말입니다.

오루도 아사마에서는 연말이 되면 모든 사람이 셰프와 함께 지난 1년을 돌아보며 냉철하게 평가하는 시간을 가집니다. 한 해 동안 특히 좋았거나 계속 이어갈 점, 보완할 점과 개선할 점 등을 허심탄회하게 서로 이야기 나눕니다. 그리고 그 총평을 바탕으로 다음 연도의 세부 계획을 세우고 매년 5~6종의 새로운 채소를 발굴하는 일에 도전합니다.

새로운 채소 품종을 발견 및 발굴하는 일은 그 자체로 가슴 두근거리는 일이 아닐 수 없습니다. 셰프나 고객에게도 이러한 감동이 전해질 것이라고 가네다 씨는 믿어 의심치 않습니다. 매년 끝도 없이 같은 것만 먹게 되면 누구나 질릴 수밖에 없습니다. 새로운 채소라면 요리사들도 열정을 가지고 좀 더 좋은 요리를 만들기 위해 노력하게 될 거라고 가네다 씨는 힘주어 말합니다.

처음 가네다 씨가 유럽 채소를 재배하기 시작한 것은 프랑스 식당의 어느 셰프와 만났을 때였습니다. 그가 붉은 치커리를 제공해주었으면 한다고 채소 공급자에게 진지하게 제안하는 걸 들었던 겁니다. 이후 가네다 씨는 그 말을 깊이 새겨두었다가 붉은 치커리를 찾아 이탈리아에 갔습니다. 현지에서 붉은 치커리를 눈으로 본 뒤 그는 '이렇게 아름다운 채소라면 한번 도전해볼 만하겠다' 생각하고 재배에 나섰습니다.

채소들에게
음악을 들려주는 농부

가네다 씨는 '손수레식 농업'을 목표로 하고 있습니다. '손수레식 농업'이란 무엇일까요? 그것은 작은 규모로 고품질 채소를 재배하는 방식을 말합니다. 또한, 개성적이고 맛이 좋은 채소를 재배하는 일이기도 합니다. 여기에는 대단히 많은 노력과 수고가 따릅니다. 그러므로 체계적인 교육을 바탕으로 실력을 키우는 일에 온 힘을 기울여야 합니다.

"물론, 그 과정에 당연히 실패가 따라올 겁니다. 실패하지 않고 성공을 얻기란 불가능하니까요. '실패는 성공의 어머니다'라는 말도 있지 않습니까. 그 말이 정말 맞습니다. 진정 훌륭한 것을 만들어내려면 실패를 두려워해서는 안 됩니다. 실패를 통해 배우지 않으면 진정 제대로 배울 기회는 뜻밖에도 그리 많지 않습니다. 최상일 때조차 자연환경 변화는 너무도 극심해서 종잡을 수가 없거든요. 인간은 자연을 지배할 수 없습니다. 대신, 우리 인간에게 가능한 것은 매사에 최선을 다하는 거죠. 그리고 매 순간 감정을 다스리며 최선을 다해 노력하고 적극적으로 대응해나가는 것, 바로 그겁니다. 그래서 인생이 재미있는 거죠. 1년 365일 순간순간마다 정해진 패턴으로 계절이 변화한다면 재미없지 않겠습니까. 자연의 변화에 기민하고도 지혜롭게 대응해나가는 과정에 작물이 잘 자라는 걸 보면서 감동도 점점 커지는 것이지요."

가네다 씨의 말입니다. 그는 또 이렇게 말합니다.

"항상 나 자신에게 하는 말이 있습니다. '자신을 엄격하게 지켜내지 않으면 스스로 일어설 수 없다. 쉽게 달아오르고 쉽게 식어서는 안 된다.' 꾸준히 노력하며, 지치지 않고 뚜벅뚜벅 걸어가는 것, 그것이 중요합니다. 마음이 동하면 확 끓어올랐다가 좀 시들해지면 금방 그만두는 식으로는 그 어떤 창조적인 일도 해낼 수 없습니다. 이런 험난한 과정은 성공을 위해 필요합니다. 한여름이 되면 꽃이 만발하고 튼튼한 채소가 자라나지만, 거기에 이르기까지의 과정은 힘들고 괴로울 수밖에 없으니까요!"

그렇습니다. 조금씩, 천천히 쌓아 올려야 합니다. 그 과정에서 단 하나의 큰 감동이 생기면 그때까지의 고통은 봄눈 녹듯 사라집니다. 다음의 정점을 목표로 삼아 다시 열심히 달립니다. 에너지가 용솟음칩니다. 그렇지 않으면 창조적인 것을 이루어낼 수 없습니다. 그러나 그 꿈을 향해 쉬지 않고 앞으로 나아가며 하루하루를 충실하게 보내는 겁니다. 요즘, 제가 새로운 목표로 정한 것은 '노벨 채소상'을 타는 거랍니다.(웃음)

한랭지의 혹독한 기후, 녹록하지 않은 농업 현실. 이러한 것들을 자기 어깨에 걸머지고, 순간순간 고통을 유머로 승화시키며 아사마 산기슭에서 뚝심 있게 자신의 꿈을 하나하나 이루어가는 가네다 씨. 그리고 그런 가네다 씨를 옆에서 묵묵히 응원하며 지혜롭게 내조해주는 그의 부인 가네다 아이코 씨입니다. 이탈리아의 농가에서 종자를 들여올 때도, 가루이자와의 레스토랑에 납품하러 갈 때도 그들은 늘 함께합니다. 유아 단계의 모종을 찬바람에 맞게 할 때도 "고생 많았다!"라고 이들 부부는 모종에 따뜻하게 말을 건넵니다.

"남편은 날마다 일어나는 작은 변화에도 곧잘 흥분하곤 해요. 잎이 나올 때도, 빛깔이 좋을 때도, 눈에 덮여 꽁꽁 언 채소를 볼 때도 행복해합니다. 저희 부부는 이런 작은 변화를 기쁘게 받아들이고 아름다운 것들을 열정적으로 찾으며 즐겁게 농사짓고 있답니다."

아이코 씨의 말입니다.

이들 부부는 "채소를 수확할 때 아름다운 채소가 만들어지면 내다 파는 게 너무 아까워요!"라고 말합니다. 이렇게 말할 때 그녀의 표정만 봐도 그 채소를 아끼고 사랑하는 마음이 오롯이 전해지는 듯합니다.

"이쪽 도랑의 붉은색, 노란색, 초록색이 예쁘니까 이건 뽑지마"라고 얘기한다든가, "여기는 좀 쓸쓸해보이니까 이 채소를 심자"라고 얘기한다든가 하는 식입니다. 가네다 씨에게 밭이란 '그림'과 같은 존재입니다. 즉, 뭔가를 생각하면서 아름다운 색으로 하나하나 도화지를 채워가는 바로 그것 말입니다.

가장 맛있는 채소를 출하하는 것은 아이코 씨의 일입니다. 늘 화려한 것을 꿈꾸는 도시 사람들의 눈에는 별로 부러워할 만하지 않은 소박한 행복일지 모르지만, 이들 부부에게 밭과 밭에서의 일상은 세상의 그 어떤 물질적인 풍요로움과도 바꿀 수 없는 매우 따뜻하고 행복한 공간이며 아름다운 삶입니다.

가네다 씨는 밭일하는 동안 흥얼흥얼 노래를 부르곤 합니다. 지금은 밭에 음악을 들려주려고 구상 중입니다. "모차르트나 미야코하루미(일본가수)도 좋지만 이탈리아 채소니까 칸초네 등도 좋겠네요. 하하!"

농사일을 즐겁게! 대지 위에서 만물과 공생하는 것을 즐겁게! 아사마 산기슭에는 오늘도 밭 한가운데 서 있는 이탈리아 국기가 바람에 휘날립니다. 그리고 그때마다 가네다 씨 부부의 웃음소리가 대기 위로 유쾌하게 퍼져나갑니다.

가네다 요시오

1937년, 미야기 현 구리하라 시에서 태어나 중앙대학 법학부 법률학과에 입학했다. 기업에 취직하면서부터 법률에 관련된 일을 오랫동안 해왔다. 2001년, 64세의 나이에 퇴직한 뒤 평생의 꿈이었던 농부가 되기로 하고 실천에 옮겼다. 가루이자와에 별장으로 이사한 뒤 지금의 농지를 빌려서 가루이자와의 유기농원 '오루도 아사마'를 세웠다. 1,500평의 밭에 허브를 포함한 50~60여 종의 유럽 채소를 재배하여 가루이자와의 일류 호텔과 고급 레스토랑에 납품하고 있다.

사람의 마음을 사로잡는 사랑 농장

미야지마 노조무 씨 - 공동학교 신토쿠(홋카이도) 농장

홋카이도 가미가와 군 신토쿠 마을

전 세계를 놀라게 한
신토쿠 농장의 '사쿠라' 치즈

2008년 7월, 홋카이도 도야코(일본 홋카이도 남서부 도야 호 인근의 도시—옮긴이)에서 열린 치즈 경연대회.

치즈에 관한 한 까다롭기로 유명했던 이탈리아의 베를루스코니 수상이 '벚꽃'이 얹힌 치즈 플레이트를 추가 주문했습니다. 이 치즈를 생산하는 농가는 홋카이도 가미가와 군 신토쿠 마을의 '공동학교 신토쿠 농장'입니다. 낙농에서 치즈 생산, 판매까지 모든 과정이 이 농장에서 일괄적으로 이루어집니다.

1998년 알프스 지방의 전통적인 치즈 '라클렛'이 제1회 올 재팬 내추럴 치즈 경연대회에서 최고상을 받은 것을 계기로 세계무대에 진출했습니다. 2004년에 스위스에서 주최하는 '제3회 산속 치즈 올림픽'에서 아로마를 입힌 소프트 타입의 '사쿠라'가 금상과 그랑프리 수상을, 몽드셀렉션monde selection에서는 2006년부터 연속적으로 금상과 최고 금상을 받는 등 다수의 국제적인 상을 받은 세계적인 수준의 치즈입니다.

신토쿠 농장의 '사쿠라' 치즈는 왜 이렇게 맛이 좋을까요? 그 비결은 다음과 같습니다. '우유를 옮기지 않는다.' 프랑스 치즈의 최고 권위자인 장 뉴베르의 지론입니다. 뒤에서 좀 더 자세히 설명하겠지만, 이렇게 함으로써 효과적인 위생 관리가 가능하다고 합니다. 또한, 기기(펌프)를 사용하지 않으므로 우유가 가진 에너지를 빼앗고 우유를 이동하는 행위 자체가 품질을 떨어트리는 주요한 원인이 되기 때문입니다.

그뿐만이 아닙니다. 물리학을 전공한 신토쿠 농장 대표는 물리학 이론을 응용한 독창적인 방법으로 치즈 공장과 축사畜舍를 만들었습니다. 축사 바닥에 숯을 깔아 소가 스트레스받지 않게 하고, 바닥을 발효시켜 외부에서 들어오는 병원균에 대한 저항력을 키워주었습니다.

우리가 주목한 것은 이 농장의 '작업'입니다. 여기는 경제 우선의 세상에서 벗어나 몸과 마음에 상처를 받은 사람들이 모인 곳으로 학교에 적응하지 못하는 아이들이나 집안에 틀어박혀 있는 이들, 사회에 적응하지 못하는 사람들이 같이 땀 흘려 일하고 즐겁게 생활하는 농장입니다.

이곳 신토쿠 농장 대표는 미야지마 노조무 씨와 그의 부인인 미야지마 게이코 씨입니다. 그들은 한결같은 열정과 헌신으로 농장을 꿋꿋이 지켜왔습니다. 그리고 그것은 사람의 영혼을 울리는 '사랑'이었습니다.

마음이 아픈 사람들을 치유하는 곳,
신토쿠 공동학사

공동학사는 1974년 미야지마 노조무 씨와 미야지마 신이치로 씨가 나가노 현 오타리 마을에서 발족하였습니다. 지금은 전국에 모두 5개소의 공동학사가 운영되고 있습니다. 경쟁사회가 낳은 사회의 부적응자를 치유하고, 한 사람 한 사람의 개성을 존중하며, 농사를 지으면서 자급생활을 목적으로 하는 복지집단입니다. 사회적 농장Social Farm 개념을 40년 가까이 뚝심 있게 지켜온 사람들입니다.

1978년, 홋카이도 가미가와 군 신토쿠 마을에 세워진 공동학사 신토쿠 농장은 총 96.4헥타르의 넓은 토지에 축사, 치즈 공장, 방목지, 채소밭에 숙소도 운영됩니다. 이곳에는 약 70명의 사람들이 공동생활을 하고 있습니다. 몸과 마음에 큰 상처를 입은 사람들, 학교에 적응하지 못하는 아이들이나 비행청소년들, 집안에만 틀어박혀 지내는 사람들, 사회에 적응하지 못하는 이들이 이곳에서 모두 건강하고 행복하게 지내고 있습니다.

"우리가 사는 이 사회는 도저히 해결할 수 없는 많은 문제를 각 개인이 대처하며 살아가도록 강요합니다. 그 결과 상황이 점점 더 나빠지고, 몸을 상하게 하며, 정신적으로도 좋지 않은 상태가 지속되지요. 이런 사람들이 우리에게 오는 거예요. 우리는 그들이 '세상에서 해결할 수 없는 문제는 무엇인가?'라는 질문을 던져주고 그 질문에 도전하도록 자극하고 격려하기 위해 오는 메신저라고 생각합니다."

미야지마 노조무 씨의 말입니다.

이 농장을 찾아오는 사람들은 저마다 뭔가 심각한 문제를 안고 있습니다. 아이와 함께 온 부모나 친척들은 "원래는 심성이 착한 아이였어요"라고 멋쩍게 이야기하며 미야지마 부부에게 소개합니다. 그들 대다수는 자식이 툭하면 말썽을 피우거나 갈수록 비뚤어져 결국 자신의 힘으로는 도저히 감당할 수 없게 되어 이곳까지 데리고 오는 겁니다. 미야지마 부부는 이런 사람들을 언제나 따뜻하게 맞아줍니다.

"우리는 자신도 미처 알지 못하는 가능성을 발견하도록 도와주고 싶은 거예요."

부모도 선생도 발견하지 못한 장점과 잠재력을 찾아주는 것. '우리 안의 보물찾기'와도 같은 일입니다.

이렇듯 사람의 내면에 숨겨진 장점과 잠재력을 찾아낸다는 것은 말처럼 녹록한 일이 아닙니다. 만일 어떤 사람이 우울증에 빠지면 단지 그 때문에 일을 못하게 되는 것만이 아닙니다. '마이너스 사고'의 사람을 '플러스 사고'의 사람으로, 매사에 긍정적인 사

공동학사 구성원들이 생활하는 숙소

람으로 변화시키는 것은 말처럼 녹록한 일이 아닙니다. 끝없는 인
내와 끈기, 무한한 관심과 배려가 요구되는 일이지요.

미야지마 씨는 술만 마시면『지킬 박사와 하이드』의 하이드처
럼 난폭해지고, 그때마다 아무에게나 덤벼들어 칼로 찌르는 구성
원들과 2년간 함께 생활했습니다. 그들이 틀림없이 나아질 거라
고 믿으며, 끈기 있게 견디며 진심 어린 마음으로 상담하고 또 상
담하기도 했습니다. 좀 더 자세한 내용은 미야지마 노조무 씨의
책『모두, 하느님을 모시고 살아가다』를 읽어보시기 바랍니다. 눈
물 없이는 읽을 수 없는 감동적인 일화들로 빼곡한 책입니다.

사람을 변화시키는
중증 장애인 이치가와 씨

신토쿠 농장에서는 누구에게도 일을 하라고 강요하지 않습니다.
아침 미팅에서 그날 해야 할 일을 스스로 결정하게 합니다. 치즈
만들기, 소 돌보기, 채소 재배하기, 공예품 만들기, 판매소 등 이
농장에서는 해야 할 일이 아주 많습니다. 물론, 일하지 않아도 괜
찮습니다. 실제로, 6개월 동안 아무 일도 하지 않은 사람도 있을
정도입니다.

지금까지 무려 1,000여 명이 넘는 많은 사람이 이곳을 거쳐 갔다고 합니다. 그중에는 흥미진진하고도 감동적인 사연들이 많은데요. 2001년에 이 농장을 찾아온 탈리도마이드(수면제의 일종) 피해를 입은 40대 남성 이치가와 씨의 이야기가 특히 인상적입니다. 그는 자기 어머니가 임신 중에 복용한 약으로 인한 부작용으로 양팔이 없이 태어났습니다. 엎친 데 덮친 격으로, 그는 그런 몸으로 보육원 앞에 버려지게 되는 비참한 과거를 가진 인물이었습니다. 그가 맨 처음 농장에 왔을 때 사람들은 잔뜩 긴장했고, 이후 그를 피했습니다. 그러나 세상에 의해 철저히 버림받은 존재였던 그를 미야지마 부부는 아무 거리낌 없이, 마치 집 나갔다 돌아온 자식을 맞이하듯 따뜻하게 맞아주었습니다.

놀랍게도 그는 양팔이 없이도 보통 사람과 마찬가지로 척척 일을 해냈습니다. 농장에서 3개월 남짓 지났을 때 그의 얼굴에는 평온함이 가득했습니다.

지금까지 이치가와 씨는 모두 열 군데 넘는 직장을 전전하며 일해왔습니다. 그러나 어느 곳에서도 3개월 이상 버텨내지 못했다고 합니다. 그런 그가 이곳에서는 자신의 능력을 최대한 발휘하여 일할 수 있게 되었던 겁니다. 요즘 그는 감사함으로 넘쳐나는 삶을 살고 있습니다. 맨 처음 이 농장에 왔을 때는 사람들과 멀리 떨어져 앉아서 혼자 외롭게 식사하던 그가 요즘에는 사람들과 한데 어울려 즐겁게 식사합니다.

이치가와 씨는 매일 새벽 4시에 일어나 축사를 청소합니다. 축사에서 소를 밖으로 잠시 몰아낸 뒤 다리와 몸을 사용해 눈 긁개scraper 손잡이를 턱으로 아래를 물고 배로 밀어내면서 청소합니다. 그런 다음, 통로에 있는 소똥을 한곳에 모읍니다. 다른 사람이 제설기로 모아 퍼내기 쉽게 하기 위해서입니다.

양팔이 없는 그에게는 균형 감각을 유지하는 것이 보통 일이 아닙니다. 그런 터라, 기계 옆에서 일하다 보면 기계 조작하는 사람이 바짝 신경을 쓰게 됩니다. 그래서 그는 매일 아침 가장 먼저 일어나 다른 사람들이 일어나기 전에 자기 일을 시작하는 겁니다. 그뿐만이 아닙니다. 그는 다른 사람들이 모두 일하러 나가면 식당에 와서 동료들이 커피를 마실 수 있도록 준비해줍니다.

이치가와 씨는 점심때는 직물이나 공예 관련 일을 합니다. 양털을 '카더carder'라는 도구를 사용해 발로 쭉 밀어가며 정리합니다. 그리고 이 털을 짜서 직물로 만듭니다. 이런 작업을 모두 묵묵히 발로 해냅니다.

이치가와 씨의 행동을 조용히 지켜보던 사람들은 그에게 긍정적인 영향을 받아 빠르게 변화해갔습니다. 평소 불안과 괴로움에 빠져 지내던 사람들은 자신이 멀쩡한 신체를 가지고 태어났다는 사실에 난생처음 감사하기도 했습니다. 그들은 이제 담요 속에서 편안히 잠만 자고 있을 수는 없었습니다. 그도 그럴 것이, 팔도 없는 동료가 새벽 4시에 일어나 열심히 일하고 있으니 말입니다. 불행한 자기 인생을 한탄하던 동료들은 이제 더는 그런 생각을 할 수 없게 되었습니다. 한 사람의 성실하고 감동적인 삶이 많은 동료의 마음에 깊은 울림을 자아낸 겁니다.

다양한 사람이 공동학사에 모여서 함께 생활하고 있습니다. 장애나 질병 등 이곳에 들어오게 된 이유는 저마다 다르지만, 대부분 자신과 마음이 잘 맞는 사람이 몇 명씩은 있다고 합니다. 그렇게 마음 맞는 사람들과 함께 서로 돕고 도움을 받으며 생활하는 겁니다.

"혹시라도 파트너를 찾지 못하는 사람이 있으면 내가 기꺼이 파트너가 되어줍니다."

미야지마 씨의 말입니다.

파트너를 만들고, 서로 고민을 털어놓으며 상담하고, 불만이 있거나 뭔가 의견이 있을 때는 허심탄회하게 이야기 나누다 보면 문제는 어느새 기적처럼 해결됩니다. 각자 자신의 문제를 감춰두거나 감정 상하게 하는 사소한 일들을 쓰레기처럼 쌓아두어서는 안 됩니다. 오래 시간이 지나면 쓰레기가 썩어 냄새가 나고 주위 환경을 해치듯 사람 문제도 마찬가지이기 때문입니다. 그때그때 자신의 감정이나 문제를 다른 사람들에게 속 시원히 털어놓고 조언을 구해야 합니다. 그렇게 함께 머리를 맞대고 고민하는 일만으로도 나쁜 감정이 사라지고 문제가 해결될 수 있기 때문입니다. 방이나 마당, 축사만 청소할 게 아니라 우리의 감정과 문제도 이따금 청소해주어야 합니다.

이치가와 씨는 당시 16세였던 테스 씨와 자연스럽게 파트너가 되었습니다. 테스 씨는 이치가와 씨와 친해지자 자청해서 몸이 불편한 그를 도와주었습니다. 테스 씨는 체중이 120kg이나 나갔는데, 그런 비정상적인 신체로 인해 중학교에서 다른 친구들에게 따돌림을 당했습니다. 결국, 그는 고등학교 진학을 포기하고 이곳 공동학사에 오게 되었던 겁니다. 이치가와 씨도 테스 씨에게 많은 도움을 주었습니다. 불안과 분노로 가득한 테스의 마음을 따뜻하게 위로하고 격려해주며 자기 자신을 지킬 수 있도록 도와주고 마음의 안식을 찾게 해준 겁니다.

이치가와 씨는 공동학사에 온 지 얼마 지나지 않아 대다수 사람과 친해졌습니다. 사람들은 이치가와 씨를 식당에서 만나면 누구 할 것 없이 몸이 불편한 그를 최대한 배려해주었고 도와주려고 합니다. 식사가 끝나면 서로 다투기라도 하듯 이치가와 씨의 식기를 씻어줍니다. 심지어 평소 자신의 일만 신경 쓰고 다른 사람은 안중에도 없는 동료들조차 차츰 다른 사람을 배려하게 되었습니다.

흙은 '느린 파장'으로
사람을 치유한다

"흙이 어떻게 사람을 치유하는지 아십니까?"

미야지마 씨가 갑자기 내게 질문을 넌졌습니다.

"사람이 안절부절못하는 것은 뇌 신경이 흥분하고 있다는 신호예요. 이런 증상을 치료하고 극복하자면 느린 파장이 필요합니다. 느린 파장이 일어나면 흥분한 사람은 안정되거든요. 느린 파장은 어떻게 일으킬 수 있을까요? '흙'에 답이 있답니다."

미야지마 씨의 말입니다.

공동학사 활동으로 농업만 한 것이 없다고 합니다. 흙을 만지는 것만으로도 마음이 안정되고, 자연을 거짓 없이 마주하게 되며, 사소한 일로 괴로워하지 않게 되기 때문입니다. 또한, 사람과 사람이 마주하며 대화하는 것보다 식물이나 동물, 예컨대 농작물이나 소를 대상으로 마치 사람인 양 이야기를 나누는 것이 더 좋다고 합니다. 그렇게, 솔직히 자연과 마주하는 훈련만으로도 숨막힐 것만 같았던 답답한 인간관계에 숨통이 트이고 물 흐르듯 원활해진다고 합니다.

공동학사의 식구 중에는 자기 힘으로 돈을 벌거나 생활해 나갈 수 없는 사람이 많습니다. 아마도 그들은 장애나 질병을 앓고 있다는 이유로 부모나 친척들에 의해 과도하게 보호받는 삶을 살아왔는지도 모릅니다. 그렇게 지나치게 보호받으며 자신이 얼마든지 잘할 수 있는 일조차 가능성을 제지당하며 살아왔는지도 모릅니다. 미야지마 씨는 일을 잘하는 것보다 '자활의 기쁨'을 느끼는 것이 중요하다고 말합니다.

소나 닭을 돌보기, 밭에서 채소나 농작물 키우기 등 농업은 다양한 일을 합니다. 그중에는 고도의 기술을 필요로 하는 일도 있고, 누구라도 금세 할 수 있는 쉬운 일도 있습니다. 지금까지 자신은 아무 일도 할 수 없다며 좌절했던 사람은 아주 쉽고 간단한 일부터 시작해 차츰 자신의 페이스를 찾아가는 것이 중요합니다.

"자기가 한 일에 책임을 지는 자세가 중요하며 실패를 두려워하지 말아야 한다"라고 미야지마 씨는 힘주어 말합니다. 그렇게 하면 무리하지 않고, 불필요하게 스트레스받지 않고, 자신이 할 수 있는 일만 하며 즐겁게 생활할 수 있습니다. 게다가 자신의 노동력을 투자해서 만든 상품이 누군가에게 팔려 나가게 되면 커다란 보람도 느낍니다. 그동안 이 사회에 아무 쓸모도 없는 사람이라고만 생각했던 자신이 다른 사람에게 보탬이 되고 있다고 느끼며 자부심을 품게 됩니다.

물론 여기에는 많은 시간과 노력이 필요합니다. 사람이 변하는 것은 말처럼 쉬운 일이 아니기 때문입니다. 그러나 일을 하면서 차즘 인정받고 자신을 되찾아가는 그들은 자신이 결정하고 행동한 것을 평가받는 기쁨을 알게 되고 존재 의미를 발견하게 됩니다. 아무 일도 하지 못했던 자폐증 소년이 온종일 지치지 않고 일할 수 있게 되고, 사람들과 자연스럽게 어울리며 지내게 됩니다. 물론 모든 사람이 다 그렇게 된다는 얘기는 아니지만, 이곳에서 생활한 많은 사람이 자신감을 회복하고 상처를 치유한 뒤 학교나 직장으로 돌아갑니다. 그들은 특별한 존재가 아닙니다. 그저 병든 사회에서 어쩔 수 없이 약자가 되었던 사람들일 뿐입니다. 어쩌면 그것은 내일의 우리 모습일지도 모릅니다.

"그들이 상처를 치유하고 자신감을 회복하여 자기 집으로 돌아가고 스스로 움직이기 시작해요. 어디에선가 그들이 생산에 참여하게 되고, 그렇게 만들어진 물건이 시장에서 팔려 나가죠. 그리고 거기에서 수익이 발생해요. 이런 긍정 사이클을 통해 이 세상에 해결되지 않는 문제는 아마 없지 않을까요!"

뚝심 하나로 위스콘신 대학
입학에 성공하다

미야지마 노조무 씨는 1951년에 군마 현 마에바시 시에서 태어

채소나 치즈 등의 가공품이 판매된다.

매년, 도쿄 시내에서 열리는 수확 축제

났습니다. 아버지 미야지마 신이치로 씨는 당시 지유학원의 교수였습니다. 그런 터라 그는 자연스럽게 지유학원의 유치원에 들어갔고, 대학에 가기 위한 고등학부까지 지유학원의 교육을 받으며 자랐습니다. 이후 그는 대학에서 방사선 물리학을 전공했습니다.

그는 어릴 때부터 유난히 숲을 좋아했습니다. 좀 더 나이가 들면서는 시간이 날 때마다 전국의 삼림을 찾아다니곤 했습니다. 그리고 삼림생태학을 깊이 공부했습니다. 그 결과, 일정한 지역의 식물 군락이나 군락을 형성하는 종들이 시간의 추이에 따라 변해가는 현상을 시뮬레이션하는 소프트 프로그램도 개발했습니다.

취업할 때가 가까워진 어느 날, 미야지마 씨는 부모의 도움으로 일류 기업에 입사가 확정되었다는 사실을 알게 되었습니다. 이를 탐탁지 않게 여긴 그는 입사 대신 미국 여행을 선택했습니다. 그곳에서 낙농업을 제대로 배우고 싶었기 때문입니다. 한참 여행 준비를 하던 어느 날, 그의 지인 중 하나가 "마침 좋은 목장이 하나 있어. 그 목장 주인은 위스콘신 대학 출신인데, 나와는 특별히 친분이 있는 사이이니 자네에게 소개해주겠네"라고 말했습니다.

미야지마 씨는 미국 위스콘신 주의 몬티첼로Monticello로 낙농실습을 떠났습니다. 위스콘신 주는 사람보다 소가 많다고 해도 지나치지 않을 정도로 낙농업으로 유명한 주이며, 치즈 명산지이기도 합니다. 실습 장소는 브라운 스위스 종 소 브리타로 유명한 볼

게리 농장이었습니다.

미야지마 씨는 매일 새벽 5시에 일어나 우유를 짜고, 소에게 먹이를 주고, 밖으로 소를 몰고 나가 방목을 하고, 열심히 밭일을 했습니다. 날마다 기계로 한 덩어리 당 60~80kg이나 되는 건초를 수백 곳씩 쌓아 올리기도 했습니다. '차라리 죽고 싶다'는 생각이 들 만큼 힘들고 고된 일이었습니다.

2년 후, 목장주의 소개로 미야자마 씨는 위스콘신 대학의 낙농부장을 만났습니다. 그 대학에 입학하기 위해서였습니다. 그러나 누군가의 소개만으로 대학에 입학할 수는 없었습니다. 남들과 똑같이 시험을 치러 통과해야 했습니다. 합격에 필요한 점수는 TOEFL 600점 이상이었습니다. 700점 만점이니 상당한 고득점을 얻어야 한다는 의미였습니다. 놀랍게도, 이는 하버드 대학과 비슷한 수준이라고 했습니다. 위스콘신 대학은 주립대학 중에서도 최정상급 대학 중 하나라는 것을 그는 알게 되었습니다. 그는 일주일간 필사적으로 공부하여 시험을 치렀습니다. 결과는 598점. 아깝게도 불합격이었습니다. 그는 포기하지 않고 악착같이 물고 늘어졌습니다. 학교 측과 장시간 논의한 결과, 만만치 않은 과제를 수행하는 조건으로 특별 입학 자격을 얻어냈습니다.

드디어 입학! 이후 꼬리에 꼬리를 물고 끝도 없이 시험이 이어졌습니다. 3년간의 수업 기간을 2년으로 단축하여 이수한 뒤 졸업

할 수 있도록 하고, 아내 게이코 씨를 미국으로 불러들여 대학의 가족용 기숙사에 들어갔습니다.

　미야자마 씨에게 미국이라는 나라는 그야말로 신세계였습니다. 처음엔 전혀 가능성이 보이지 않다가도 뚝심 있게 문을 두드리고 간절히 길을 찾으면 마침내 돌파구가 보였습니다. '이것이 바로 아메리칸 드림이 아닐까!' 미야지마 씨는 미국에서 생활하는 동안 많은 것을 배웠습니다. 그러나 일본의 축산 상황은 미국과는 너무도 달라서 애써 배운 귀한 낙농 지식을 제대로 활용하기가 어려웠습니다.

농업과 축산을 주요 전략으로
활용하는 미국

미국에 머무르는 동안 미야지마 씨가 관리한 볼게리 목장의 사료밭은 무려 400헥타르나 되었습니다. 그러나 이는 미국 전체를 놓고 보면 아주 작은 규모에 지나지 않습니다. 반면, 그가 운영하는 홋카이도 목장은 고작 20헥타르 정도밖에 되지 않습니다. 400헥타르 대 20헥타르. 무려 스무 배나 차이가 납니다. 승부가 되지 않을 정도의 큰 차이입니다. 그러나 미야지마 씨는 자신의 목장을 미국식 유명 목장처럼 최고의 경쟁력을 가진 대규모 목장으로 만들겠다는 목표를 세웠습니다. 그러자면 먼저 일하는 방법부터 바꾸지 않으면 안 됩니다.

미야지마 씨가 위스콘신 대학에 다닐 때 농업경제 강의에서 어느 교수님이 다음과 같이 말했습니다.

"동쪽 바다에 떠 있는 '작은 배'를 보아라. 그 작은 배는 혼자서 제멋대로 움직일 수 없다. 그 배의 방향을 결정하고 인도하는 것은 '큰 배'다. 즉, 세계 곡물 시장을 주도하는 것은 자본력과 힘을 가진 미국이다."

미야지마 씨는 '작은 배'라는 단어를 듣고 가슴이 철렁했습니다. '작은 배'는 자신의 조국 일본을 말하는 것임이 틀림없었기 때문입니다. 결국, 미국은 농업이나 축산을 주요 국제정치 전략 중 하나로 삼아 효율적인 대량생산으로 전 세계 식량 시장을 지배하고자 하는 것이었습니다. 이러한 전략을 미래 농업을 이끌어갈 자기 나라의 엘리트들에게 가르치고 있는 거였습니다.

제2차 세계대전 이후 미국은 '키친 카'나 '학교급식' 등을 통해 일본 식문화를 빵이나 햄버거와 같은 서구식 식문화로 바꾸려고 했습니다. 일본인은 미국의 그런 전략에 꼼짝없이 넘어가고 말았습니다. 쌀과 생선이 차지하던 아침 식탁을 빵과 고기가 차지해버린 겁니다. 왜 이런 일이 일어난 걸까요? 미국, 그리고 미국 기업이 일본에 곡물과 고기를 팔고 싶어 했기 때문입니다. 실제, 현재 곡물 수입량의 2/3는 가축 사료용 곡물입니다. 1kg의 쇠고기를 만들기 위해서는 약 10kg의 곡물 사료가 필요하다고 할 정도입니다.

육식을 대중에 유행하게 하는 데에는 어마어마한 양의 곡물이 필요합니다. 일본의 농민들은 저비용의 곡물을 생산하지 못합니다. 그러므로 거의 전량을 수입에 의존할 수밖에 없습니다. 1960년대 80%였던 식량 자급률이 40%까지 떨어진 이유도 바로 여기에 있습니다.

미야지마 씨는 졸업 후 곡물 메이저와 곡물 협회에서 스카우트 제의를 받았습니다. 그러나 그는 일본으로 돌아가 도쿄와 같은 도시가 아닌 시골로 내려가 농장을 시작하면서 정착하기로 했습니다.

'이 녀석들, 할 수 있었잖아!'

1978년, 미야지마 씨는 귀국하자마자 공동학사 신토쿠 농장을 일구었습니다. 공동학사를 시작하게 된 데에는 이에 대해 깊은 이해가 있었던 신토쿠 마을의 협력이 있었기에 가능했습니다. 게다가 마을에서 운영하는 목장용 부지까지 지원받았기 때문입니다. 미야지마 씨는 먼저 800m의 파이프를 땅속에 묻고 계곡의 물을 끌어들이는 공사를 시작했습니다. 공사현장에 조립식 주택을 짓고 자기 가족과 동료 여섯 명이 함께 생활했습니다. 목장을 짓고, 송아지 다섯 마리를 사서 기르고, 채소를 키워 팔았습니다.

중고 자재를 사용해 지은 조립식 주택은 부서진 창을 비닐로 덮어 놓은 데다 낡고 허술해서 최저 온도 영하 32℃의 홋카이도의 추위가 뼛속까지 파고들었습니다. 잘해야 5~6년 정도 견뎌낼 것 같은 허술한 집에서 미야지마 씨는 무려 21년째 살고 있습니다.

1981년, 농장을 일구기 시작한 지 4년째 되던 해에 주위 농가의 도움으로 14톤이라는 놀라운 목표 생산량을 달성하면서 정식으로 우유를 출하하기 시작했습니다.

처음에는 우유 생산량을 조절하는 일이 생각처럼 녹록하지 않았습니다. 그 탓에 애써 짜낸 우유를 버리게 되는 날이 많았습니다. 어느 정도 시간이 지나 안면을 트고 친분이 생기자, 생산량 조절에 실패하여 애써 얻은 우유를 폐기하는 일이 없도록 이웃 농가들이 적절히 조언해주고 도와주었습니다. 미야지마 씨는 이 지역의 농가들이 외지에서 이곳을 찾아와 정착하는 농가에 처음에는 어느 정도 거리를 둔다는 걸 나중에야 알게 되었습니다.

처음에는 농촌의 힘든 노동을 견뎌내지 못할 거라고 수군거리며 방관하던 마을 사람들도 "이 사람, 좀 하네"라며 차츰 인정하기 시작했습니다. 이곳에 자리 잡고 4년째 되었을 때 미야지마 씨는 어깨너머로 배운 기술로 버터와 치즈를 직접 만들기 시작했습니다. 그렇게 몇 년이 지나자 식구가 너무 많아져 우유 출하만으로는 생활하기가 어려워졌습니다. 부가가치를 획기적으로 높일 수 있는 혁신 상품을 개발해야만 했습니다.

1989년, 드디어 진짜 치즈를 만들 기회가 찾아왔습니다. 지인의 소개로 프랑스 치즈의 최고 권위자이자 프랑스 AOC 치즈 협회 회장인 장 뉴베르 씨가 치즈 만드는 법을 전수해주겠다고 나선 것이었습니다. 그렇게 뉴베르 씨는 미야지마 씨의 치즈 만들기 스승이 되었습니다. 그는 공동학사를 세계 최고 수준의 치즈 공방으로 키워가는 데 필요한 아이디어를 준 인물이기도 합니다. 미야지마 씨는 자신의 '치즈 스승' 뉴베르 씨에 대해 이야기할 때마다 한없는 존경을 담아 표현했습니다. 아무튼, 그런 과정을 거쳐 공동학사 신토쿠 목장의 치즈 만들기는 나날이 진화해갔습니다.

1990년, 미야지마 씨는 신토쿠 농장에 스승 장 뉴베르 씨를 초청하여 '제1회 올 재팬 내추럴 치즈 경연대회'를 개최했습니다. 이 때 뉴베르 씨는 "우유를 옮기지 말라"고 미야지마 씨에게 조언해주었습니다. 그 말을 듣는 순간, 미야지마 씨의 머릿속에는 지금부터 자신이 만들어가야 할 치즈 공장의 큰 그림이 그려졌다고 합니다.

미야지마 씨는 직접 치즈 공장을 세우기로 했습니다. 그는 착유실 바닥을 경사지게 한 다음, 여기에 파이프를 연결하여 자연적으로 높낮이가 생기게 하여 공장 안으로 직접 원유를 공급하는 장치를 설계하고 시공했습니다.

축사와 치즈 공방은 23m 정도밖에 떨어져 있지 않습니다. 보건 규정상 악취와 오수 등의 위생관리를 위해서는 적어도 50m 이상 거리를 두도록 권유하고 있습니다. 이 문제를 해결하기 위해 미야지마 씨가 사용한 것은 '숯'과 '미생물'입니다. 즉, 밑에 숯을 깔고 축사 바닥에 젖산균 등의 미생물을 키워 발효 상태로 만드는 겁니다. 이렇게 함으로써 외부에서 침입하는 병원균에 대한 저항력을 높이며 냄새가 없는 축사를 만든 겁니다.

1991년 신토쿠 마을의 협조를 얻어 축산기지건설사업 측으로부터 8,000만 엔을 지원받았습니다. 그 돈으로 미야자마 씨는 치즈 공장을 지었습니다. 그중 1,100만 엔으로 축사를, 2,100만 엔으로 착유실을 지었습니다. 그는 이 모든 공사에 대출과 보조금을 사용했습니다.

미야지마 씨는 대출금을 갚기 위해 밤잠 안 자고 열심히 일했습니다. 몸을 혹사해가며 일하다 보니 스트레스도 적잖이 쌓여갔습니다. 특히, 협심증이 심해져 가끔 한 번씩 발작을 일으키기도

산 경사에 방목되는 소들, 한가로운 풍경

했습니다. 체력적으로 한계를 느낀 미야지마 씨는 아침마다 우유 짜는 일을 다른 스태프에게 맡기고 자신은 치즈 만들기에 온전히 집중했습니다.

　실은 예전에도 이런 일이 있었습니다. 혹독한 추위 속에서 감기에 걸린 채 쉬지 않고 일하는 바람에 위와 십이지장에 구멍이 났던 겁니다. 40℃ 가까이 고열이 나서 열흘 동안이나 끙끙 앓아누웠습니다. 열흘간이나 소를 제대로 돌보지 않으면 그중 몇 마리는 죽을지도 모를 일이었습니다. 열이 내리자마자 미야지마 씨는 서둘러 축사로 달려갔습니다. 그러나 다행히도 한 마리도 죽지 않았습니다. 자신이 일일이 지시하지 않으면 소에게 사료를 주거나 우유 짜는 일을 아무도 하지 않을 거라 여겼었는데, 알아서 우유를 짜고 사료를 주었던 겁니다. '이 녀석들, 할 수 있었잖아!'

　그렇습니다. 그 모든 것이 저마다 자신의 의지로 움직인 결과였습니다. 미야지마 씨의 말을 잘 이해하고 각자 자신이 할 일을 찾아 자발적으로 해낸 결과였습니다. 지금까지 치즈 만들기를 담당한 것은 미야지마 씨였습니다. 채소 키우기 담당, 축사 담당, 돼지나 닭 담당자도 모두 따로 있습니다. 또한, 치즈 요리도 즐겁게 먹을 수 있는 음식 공간도 증설하여 판매소 '미소타래'는 게이코 씨가 담당했습니다.

물리학 전공자가
운영하는 신토쿠 농장

미야지마 씨는 치즈에 최적의 환경을 만들어주기 위해 새로운 방법을 사용했습니다. 예전에 축사에서도 사용한 적 있는 '숯을 채우는 방법'이 바로 그것입니다.

"숯은 마이너스 이온을 모아 그것을 위로 뿜어 올리죠. 그러면 에너지의 흐름이 만들어져요. 살아 있는 사람의 몸도 마찬가지예요. 숯을 사용하면 전위電位가 형성되기 쉬워지고 발효균이 활발히 활동하게 되죠."

미야지마 씨의 말입니다.

신토쿠 농장은 100헥타르에 가까운 넓은 토지를 보유하고 있습니다. 축사, 치즈 공장, 식당, 기숙사 등 64개소에 22톤에 달하는 엄청난 양의 숯을 묻어두었습니다. 또한, 치즈 발효조 아래에도 450kg의 재를 원형의 구멍에 메워두었습니다.

치즈 온열 숙성실에 숯을 메우고 철분을 사용하지 않는 삿포로 연석을 하나씩 쌓아 올렸습니다. 물결 형태의 천장 위에도 숯을 넣은 다음 그 위에 시트를 깔고, 다시 그 위에 흙을 쌓았습니다. 태양에너지를 부드럽게 받을 수 있도록 풀도 심었습니다.

치즈를 숙성시키는 데 이상적인 기온은 8~12℃입니다. 습도는

90% 내외입니다. 보통 이 정도의 습도가 되면 물방울끼리 모여 결로가 생기기 마련입니다. 그러나 실제 숙성실에 들어가 보면 뜻밖에도 서늘하고 시원하며 바슬바슬한 기운이 느껴집니다.

이는 마이너스 이온이 많은 증거라고 합니다. 물방울이 마이너스를 불러들여 마이너스 이온에 둘러싸여 바슬바슬하며 결로가 생기지 않는다는 겁니다. 살아 있는 인간의 피부가 마이너스 이온으로 덮여 있어 끈적끈적하지 않은 것과 같은 원리입니다.

"혹시라도 결로가 생기면 표면 처리에 문제가 생겨요. 이런 문제를 해결하려고 진공포장 비닐을 씌우거나 왁스를 바르게 되죠. 그렇게 되면 치즈는 호흡할 수 없고 맛을 낼 수 없게 됩니다."

미야지마 씨의 말입니다.

숙성실 안에서 카메라 플래시를 켜면 때때로 희고 둥근 '오브'(orb, 사진에 찍히는 작은 물방울 같은 광구)가 찍힌다고 합니다. 이것은 마이너스 이온에 둘러싸여 있던 물방울이 빛을 반사하는 현상입니다. 즉, 오브가 발생하는 환경이 치즈에는 최적의 장소인 겁니다.

신토쿠 농장은 물리학을 전공한 사람이 세우고 운영하는 농가라는 점도 상당히 특이합니다. 이 밖에도 신토쿠 농장은 여러 가지 참신한 아이디어를 꾸준히 실행에 옮기고 있습니다. 최근에 미야지마 씨가 특별히 관심을 두는 것은 '밭고랑의 높이'입니다. 우리가 잘 알다시피 지면에는 전류가 흐르는데, 그 전류를 활용하여 밭고랑을 만드는 것을 '전류의 정류기整流器 활동'이라고 합니다. 작물에는 각각 고유의 전파가 있으며, 그 작물에 맞는 파동으로 밭고랑을 만들면 자연스럽게 잡초가 적어져 작물이 더욱 왕성하게 키울 수 있다는 겁니다. 현재 어느 삭물에 어느 정도의 고랑이 적합한지를 연구 중이라고 합니다.

"이것이야말로 자연의 리듬에 맞는 농업이라고 생각합니다. 그러나 지금 상황은 정반대예요. 원전을 만들고, 석유로 에너지를 만들어 사용합니다. 그러나 에너지가 없어지면 곧바로 폐업이지요. 원자로가 아니라 하늘에 떠 있는 태양만으로도 충분해요. 이것을 현명하게 사용하는 것이 우리 모두에게 좋은 일이 아닐까요!"

미야지마 씨의 말입니다.

연구소 학자들은 미야지마 씨의 주장에 대해 "과학적으로 증명된 사실입니까?"라고 따져 묻곤 합니다. 방사 물리학에 관한 해박한 지식을 갖고 있고 관련 연구자도 많이 알고 있는 미야지마 씨는 이렇게 단언합니다.

"'이것을 연구하고 싶다면 기계와 돈과 사람만 있으면 됩니다', '비판하려면 감정적으로 하지 말고, 과학적으로 해주세요' 하고 말하면 모두 입을 다물죠."

숙성실 내부, 서늘하고 시원하며, 바슬바슬한 상태다.

치즈 공장의 내부. 모두 진지하다.　　　나무로만 만들어진 축사

　　　　　　　　　　　　　　　　　브라운스위스와 홀스타인

벚꽃 향기를 입혀 만든
독특한 치즈, '사쿠라'

1억 엔 넘게 투자된 치즈 공장의 대출금을 반환하기 위해 미야지마 씨를 비롯한 공동학사 사람들은 밤낮없이 일합니다. 그러나 3~4년이 지나도 제대로 매출이 오르지 않자 대출금 반환 계획도 부득불 그만큼 늦춰지게 되었습니다.

1998년, 공동학사에 드디어 전환기가 찾아왔습니다. 장 뉴베르 씨의 조언으로 시작한 '라클렛'이 제1회 올 재팬 내추럴 치즈 경연대회에서 최고상을 받은 것입니다. 치즈 공장이 세워지고 6년째 되는 해의 일이었습니다.

치즈 경연대회에서 상을 받으면 경제적으로 막대한 이득이 생깁니다. 그 후 라클렛을 중심으로 상품이 차츰 팔려 나가더니 카망베르 치즈도 불티나게 팔리기 시작했습니다. 그리고 마침내 공동학사 신토쿠 농장 치즈는 전 세계적으로 인정받게 되었습니다.

이 무렵, 공동학사에서는 새로운 치즈 상품 개발에 도전하고 있었습니다. 그리고 여러 해 동안 연구한 끝에 카망베르 스타일의 '유키'를 개발하는 데 성공했습니다. 미야지마 씨가 그걸 장 뉴베르 씨에게 가져가 보여주었더니 "엑셀런트!" 하며 엄지손가락을 치켜세웠습니다. 프랑스 AOC 치즈 협회가 그 맛을 보증한 겁니다. 그러면서 그는 이렇게 말했습니다.

"이 정도로 탁월한 기술이 있으면서 언제까지 남을 따라 하기만 할 거예요?"

원래 AOC 치즈 협회는 그 지역의 환경과 생산자의 개성을 지키기 위한 인증(원산지 호칭)을 담당하는 기관입니다.

카망베르 스타일 치즈는 다른 나라의 유명 제품을 흉내 내어 만든 것일 뿐이라고 뉴베르 씨가 지적했던 겁니다. 그러나 이런 상황을 예측했던 미야지마 씨는 미리 준비해두었던 또 하나의 신제품을 공개했습니다. 홋카이도산 대나무 소금을 사용하여 표면에 대나무 잎 세 장을 곁들인 오리지널 치즈였습니다. 그제야 뉴베르 씨는 미소를 지으며 만족스러운 표정을 지었습니다. 이것이 지금까지도 대단한 인기를 얻고 있는 '사사유키'입니다. 공동학사는 이제 드디어 세계무대에서 본격적으로 경쟁하기 시작했습니다. 카피 상품이 아닌 일본의 고유 기술과 실력으로 만들어낸 치즈로 말입니다. 이를 목표로 미야지마 씨는 상품 치즈 개발을 열정적으로 추진했습니다.

설국에 봄이 찾아왔습니다. 어느 날, 미야지마 씨는 치즈 공장에서 아무 생각 없이 밖을 보고 있었습니다. 그때 아름다운 산 벚꽃이 그의 눈에 들어왔습니다. '이거다! 벚꽃!' 마침 신토쿠 마을의 대표 나무가 벚나무였습니다. 그런 터라, 농장 주변에는 벚꽃이 흐드러지게 피어 있었습니다. 상품 개발 결과, 꽃에서 향을 뽑아내기 어려워 잎에 향을 입히고, 향이 입혀지면 잎을 떼어낸 다음 벚꽃을 씌웠습니다. 그러자 흰 가루가 덮인 치즈에 벚꽃이 아름답게 비쳤습니다. 이것이 유럽에서 여러 개의 상을 받은 '사쿠라'입니다. 흰 곰팡이가 아닌 효모를 사용하여 숙성시킨 크림색 치즈로 약간 신맛이 나며 부드럽고 식감이 좋은 상품입니다.

2003년에 '사쿠라'는 프랑스에서 개최된 '제2회 산속 치즈 올림픽'에서 은상을 받았습니다. 그러나 미야지마 씨는 그 정도의 성과에 만족하지 못했습니다. 그는 쉴 새 없이 연구에 몰두하여 그다음 해에 좀 더 업그레이드된 치즈를 출품했습니다. 그 결과, 2004년에 스위스에서 개최된 '제3회 산속 치즈 올림픽'에서 금상과 그랑프리를 동시에 수상했습니다. 그뿐만이 아닙니다. 2006년 몽드셀렉션 금상, 2007년 몽드셀렉션에서 최고 금상을 받았으며, 지금도 전 세계 명망 높은 상을 지속해서 수상하고 있습니다.

이런 음식을 먹어야
아이의 마음이 자란다

미야지마 씨는 만년의 마더 테레사와 만나 이야기를 나눈 적이

치즈 판매소, 민타루 외관

민타루의 가게 안 풍경. 간단한 식사도 할 수 있다.

희소가치가 높은 공동학사 신토쿠 농장의 치즈가 진열돼 있다.

있습니다. 테레사 수녀는 공동학사의 역할과 활동을 잘 알고 있었습니다. 그녀는 "당신이 하는 일에 신의 가호가 함께하시길!" 하며 축복을 빌어주었다고 합니다.

그러나 미야지마 씨가 "공동학사가 어느 정도 안정되면 해외로 나가 난민 캠퍼스나 빈민가에서 일하고 싶다"라고 말하자 테레사 수녀의 안색이 달라졌습니다.

"저는 가장 약한 자의 입장에 서서 가장 필요한 것을 전해주는 것이 주님의 뜻이라고 생각해왔어요. 그래서 먹을 것이 필요한 아이들에게는 먹을 것을, 안전이 필요한 아이들에게는 안전을, 길바닥에 버려진 사람들에게는 인간으로서 존엄을 느끼며 죽을 수 있는 가족을 준비하려고 애쓰죠. 제가 전 세계를 돌아다니며 느낀 게 뭔지 아세요? 전 세계의 나라 중 가장 마음이 결핍된 아이는 다른 곳 아닌 일본 아이들이라는 사실이에요. 아이들의 마음 결핍을 치유하는 건 무척이나 어려운 일이에요. 당신은 다른 나라 아이들보다 먼저 고통받는 일본 아이들을 위해 그들이 가장 절실히 필요로 하는 것을 채워주시면 좋을 것 같아요."

테레사 수녀의 말입니다.

치즈에 관한 이야기는 아니지만 먹을 것을 만드는 사람의 기분은 맛을 내는 요소 중 하나입니다. 맛있는 채소, 맛있는 요리, 맛있는 치즈……. 만드는 사람의 기분과 열정, 따뜻한 온기가 맛에 절묘하게 스며들고 '맛있는 oo'으로 표현되는 겁니다.

치즈 맛이 변해 고객의 불평을 듣게 되는 것은 치즈 만드는 사람에게는 다반사로 일어나는 일입니다. 그 점에서는 공동학사도 예외는 아닙니다. 언젠가 한 번 '크림치즈 맛이 변했다'며 어느 고객이 불평해온 적이 있습니다. 담당자에게 물어보니, 막 '실연당한' 상태였습니다. 그것을 과학적으로 어떻게 설명해야 할지 모르겠지만, 치즈를 만드는 사람의 기분 변화가 치즈를 발효시키는 미생물에 어떤 영향을 주었던 게 아닌가 싶습니다.

"치즈를 만드는 것은 사람의 마음을 키우는 것"이라고 미야지마 씨는 말합니다.

미야지마 씨는 치즈 제조와 농업을 통해 사람들의 영혼을 풍성하게 해줍니다. 다시 말해, 마음의 결핍을 치즈와 농업으로 치유하는 겁니다.

미야지마 씨는 몸과 마음에 장애를 가진, 소외당하는 사람들을 버리지 않고 거두며 한 사람 한 사람의 숨은 잠재력과 가능성을 찾아냅니다. 그들과 같이 땀 흘리며 일하고 같이 고통을 나눕니다. 하나의 치즈가 만들어지기까지 모두 각자의 역할에 최선을 다해 일합니다.

치즈를 관리하는 사람, 소젖을 짜는 사람, 목초를 만들고 옮기는 사람, 축사를 청소하는 사람, 그리고 아무 일도 하지 않고 그저 구경만 하는 사람……. 그러나 그중 한 사람이라도 없었다면 지금까지 나온 신토쿠 농장 치즈는 만들어지지 않았을지도 모릅니다. 저마다 자신이 발을 디딘 그곳에서 묵묵히 자기 역할에 최선을 다하여 열심히 땀 흘리며 일해 온 결과 그토록 아름답고 맛있는 치즈가 완성된 겁니다.

자연환경을 지키는 일에 자신을 헌신하고 세계 최고 수준의 치즈를 만들기 위해 모든 열정을 쏟아부은 미야지마 씨 부부. 그들은 어떻게 그 많은 시련을 이겨내고 한길로 올곧게 달려갈 수 있었을까요? '사랑'에 답이 있습니다. 자연과 사람을 향한 깊고 진한 사랑, 그 사랑의 힘이 스며들어 미생물의 활동을 도와 발효를 왕성하게 하고, 결국 치즈의 맛까지 나아지게 하고 최고 수준으로 끌어올린 걸지도 모릅니다. 이들 부부의 그 사랑은 지금 이 순간에도 계속되고 있습니다.

미야지마 노조무

1951년 군마 현에서 태어나 도쿄에서 자랐다. 1974년 지유학원 최고학부를 졸업한 뒤 미국으로 건너갔다. 이후 위스콘신 주에서 몇 년간 낙농 실습을 했으며, 위스콘신 대학에 입학해 공부했다. 1978년에 그는 위스콘신 대학을 졸업한 뒤 귀국하여 홋카이도 가미가와 군 신토쿠 마을에 자리를 잡았으며, 공동학사 신토쿠 농장을 개설했다. 1990년, '제1회 내추럴 치즈 경연대회'를 개최했다. 1998년에 신토쿠 농장의 치즈가 '제1회 올 재팬 내추럴 치즈 경연대회'에서 최고상을 받은 것을 시작으로, 2003년, 2004년, 2005년, 2007년, 2009년에 유럽에서 개최된 '산속 치즈 올림픽'에서 야심 차게 개발한 치즈 '사쿠라'로 금상과 그랑프리를, 2010년 미국에서 열린 경연대회의 세미 하드 부문에서 은상을 받았다. 저서로 『모두, 하느님을 모시고 살아가다』 『생명을 가르치는 메타 과학』이 있다.

농업의 미래를 변화시키는 자연재배

가와나 히데오 - 내추럴 하모니
도쿄 도 세타가야

자연에는 '비료'의
개념조차 없다

도쿄 도 세타가야 구. 다마가와를 따라 자리하고 있는 다마즈쓰미의 세련된 채소가게. 그 옆에 커다란 채소 출하용 창고가 있고, 계단을 올라가면 활기 넘치는 사무소가 나옵니다. 앞으로 일본 농업계를 혁명적으로 뒤바꾸어놓을 주식회사 '내추럴 하모니'입니다.

내추럴 하모니는 채소 판매를 위주로 하는 회사로 현재 도쿄, 가나가와, 사이타마에 직영 채소가게를 6개, 직영 레스토랑을 3개 가지고 있습니다. 그 밖에도 이 회사는 의류와 주택산업에도 진출하는 등 관련 분야에서는 모르는 사람이 거의 없을 정도로 유명합니다. 이 회사의 대표는 올해 53세인 가와나 히데오 씨입니다. 사내에서는 '대장'이라는 별명으로 불리며 모든 임직원에게 사랑받는 존재입니다. 그는 본업 외에도 시간을 쪼개 열정적으로 강연 및 집필 활동을 하고 있는데, 그 결과 여러 권의 책도 출간했습니다. 그는 일본 농업계에 막강한 영향력을 지닌 인물로 인정받고 있습니다.

이 회사는 어떤 매력을 가지고 있을까요? 많은 농업법인 중에서 이 회사가 가진 특별한 차별점은 무엇일까요? 그것은 바로 '자연 재배'로 키운 농작물을 취급하고 있다는 점입니다.

요즘 슈퍼마켓이나 채소가게에 가보면 '무농약 채소', '유기농 채소'라고 표시한 상품을 쉽게 발견할 수 있습니다. 심지어 '무화학비료'라고 표시한 상품도 종종 눈에 띕니다. 유기농 인증 마크가 채소 이외에도 시장에 출하되어 나오는 거의 모든 상품에 이 표시가 되어 있습니다. 간단히 말하자면, 무화학비료는 관행 농법에 주로 사용하는 무기질인 화학비료가 아니라 소똥이나 닭똥, 생선가루, 쌀겨나 술지게미 같은 유기비료를 뜻합니다.

요즘 '원래 비료가 필요 없는 거 아닌가?'라고 생각하는 사람이 점차 늘어나고 있습니다. 이것이 바로 넓은 의미에서 사용하는 '자연농업(비료를 사용하지 않는 재배 방법)'이며, 그중에서도 특히 선진적인 자연 재배 방법입니다. 그 자연 재배 채소를 25년 전부터 판매용으로 유지해온 인물이 바로 가와나 히데오 씨입니다. 또한, 그는『자연의 채소는 썩지 않는다』나『채소의 이면』의 저자이며,『기적의 사과』의 기무라 아키가와 씨와 뜻을 같이한 친구이기도 합니다.

"뜰 앞의 감을 잘 보십시오."

가와나 씨는 자연 재배에 관해 설명할 때 항상 이렇게 말합니다. 어떤 의미일까요? '당신의 뜰 앞에 있는 감나무에 설마 비료를 주겠는가?'라는 의미라고 합니다. 그렇습니다. 잘 생각해보면

내추럴 하모니 농장에서

자연에는 '비료'라는 개념이 없습니다.

"사람들은 감 같은 과일을 수확할 때 최대한 많이 수확해야 한다고 생각해요. 그런 조바심이 감나무를 망치는 겁니다. 자연의 '자연스러운' 흐름과 리듬에 맡겨야 해요. 열매를 수확한 뒤 잎이 바람에 다 떨어지고, 이듬해에 싹이 트고 자라 새로 열매가 열리거든요."

가와나 씨의 말입니다.

인간의 도움을 받지 않아도 식물은 자기 힘으로 살아갈 수 있는 능력을 갖추고 있습니다. 산속의 나무들이나 초원의 풀들은 비료 없이도 생명을 유지하고 종족을 보존할 수 있습니다. 문제의 근원이자 자연을 망치는 주범은 우리 인간입니다. 인간이 영농이라는 이름으로 채소를 과보호하고 비료를 사용해 흙을 영양 과다 상태로 만들어버렸기 때문입니다. 가와나 씨는 이것을 '메타볼릭 신드롬metabolic syndrome'이라고 부릅니다.

자연 재배에서 벌레는
'해충'이 아니라 '손님'이다

"인간이 뿌리는 비료 때문에 땅이 너무 기름진 상태가 되는 거예요. 영양분이 지나치게 많아져 전체적인 균형이 무너지고 벌레가 꼬이는 거죠."

가와나 씨의 말입니다.

위의 말은 자연 재배 농가의 기본적인 생각을 담고 있습니다. 이 해충을 제거하기 위해 농약을 치는 것이 관행농업의 농가들입니다. 무농약 재배 농가도 마찬가지로 해충을 없애기 위해 온갖 노력을 합니다. 그러나 '자연 재배'에서는 해충이라는 개념이 없습니다.

"인간은 작물에 붙은 벌레를 '해충'이라고 부르지만 그것은 인간이 제멋대로 규정하고 부르는 것에 지나지 않아요. 벌레는 자연계에 반하는 것을 없애주죠. 좀 더 극단적으로 말하자면, '자연계의 청소부'라고 할 수 있어요. 식물이 흙 속에서 불순물을 빨아들이고, 그것을 벌레가 먹고 분해하여 원래의 상태로 되돌려주는 거예요.

자연 재배에서 벌레는 '익충'도 '해충'도 아니에요. 저마다 필요할 때 찾아와 자연스럽게 머무르며 각자의 역할을 하고, 때가 되면 떠나는 '손님'으로 받아들이는 거죠. 즉, 밭에 흔히 '해충'이라고 부르는 벌레가 많아졌을 때는 그 밭의 영양분이 너무 많아 균형이 무너졌다는 증거로 보는 거예요. 그 균형이 복원된 자연 재배의 밭에서는 벌레가 거의 없답니다. 또한, '지렁이가 있으니 좋은 땅이다'라는 개념도 자연 재배에서는 아예 없지요."

가와나 씨는 확신에 차서 이렇게 말합니다.

각각의 단계에서 밭에 자라는 잡초의 종류도 자연의 흐름에 따라 자연스럽게 변해갑니다.

"애초에 흙은 모든 식물이 시들고 오랜 세월에 걸쳐 쌓여가는 겁니다. 자연의 섭리를 생각해보면, 예컨대 짚을 환원할 경우 밭에 사용하려면 많은 농가가 사용하는 볏짚이 아닌 보릿짚을 골라야 해요. 더욱이 동물 분뇨가 대량으로 흙에 뿌려지는 것은 자연계의 관점에서 볼 때 이상한 일이지요."

가와나 씨의 말입니다.

너무 진한 녹색 잎이
주는 위험신호

장점이 많은 '자연 재배'지만, 실제로 이 농법을 자신의 밭에서 실행에 옮기는 농가 수는 전국적으로 극소수에 지나지 않습니다. 왜일까요? 자연 재배를 하고 싶어도 먼저 흙을 개량하는 데 상당히 오랜 시간이 걸리기 때문입니다.

원인은 밭에 남아 있는 농약과 비료의 독성분에 있습니다. 더

구나 그 독성분이 굳어 단단해지면 흙 속에 층을 만들고, 땅 온도가 낮아 층을 형성합니다. 이 독성분을 다량 함유한 층이 있는 동안 그것을 흡수하여 채소가 자라기까지 벌레나 병원균의 영향을 받기 쉬워집니다. 독성분을 제거하는 작업에 꽤 오랜 시간이 걸립니다. 짧아도 5~6년, 밭에 따라서는 10년 이상 걸리는 경우도 있습니다. 흥미로운 것은 화학비료를 사용한 밭은 독성분을 다량 함유한 층이 선명하게 나타나지만 유기비료의 경우 그 층을 구별하기 어렵다는 점입니다.

'자연 재배'의 선구자격인 자연농법 나이타 생산조합의 한 연구원은 굳어서 단단해진 그 독성분을 함유한 층 부분을 남겨둔 밭과 그 층을 완전히 제거한 밭의 생육 상태를 각각 심층 조사했습니다. 그 결과, 비독을 제거한 밭의 작물은 생육이 점점 좋아진다는 사실을 알게 되었습니다. 물론 비료는 전혀 사용하지 않았습니다. 그는 '이 굳고 단단한 부분이 작물의 생육을 저해하고 있는 것은 아닌가?'라는 가설을 세워 몇 번이고 실험을 반복했습니다.

이 조사와 실험으로 명확히 알게 된 것은 그 독성분을 함유한 층을 제거함으로써 땅은 본래의 온기와 부드러움을 회복하고, 물 빠짐이 좋아지며, 적정량의 수분을 함유한 좋은 땅이 된다는 겁니다. 또 굳고 단단한 층이 없어지면서 밭에서는 채소가 점점 밑으로 뿌리내릴 수 있게 됩니다(농약과 비료의 독성분을 함유한 층을 제거하는 기술은 가와나 씨의 저서 등을 참조).

"예를 들어 지금 자연 재배를 시작한다고 해도 어느 정도 만족할 만한 결과물이 나오는 것은 10년쯤 후라고 생각해요. 물론, 밭의 상태에 따라 편차가 큰 편이지요. 10년 넘게 걸리는 경우도 얼마든지 있을 수 있답니다. 이미 40~50년 넘게 땅이 화학물질에 의해 오염되어왔기 때문이에요. 따라서 자연의 속도를 익혀 조급해하거나 서두르지 말고 형편에 맞게 오랜 시간을 두고 천천히 해나가야 합니다."

가와나 씨의 말입니다.

모든 밭에서 일시에 '자연 재배'를 시작하면 수입이 급속히 줄어 자칫 경제적 위기에 빠질 위험이 있습니다. 따라서 10년, 또는 20년 계획으로 단계별 계획을 꼼꼼히 세워야 합니다. 가와나 씨는 이런 개념과 맥락으로 '자연 재배'에 관해 사람들에게 알리고 있습니다. 그는 꽉 막힌 사람이 아닙니다. 자기 자신은 '자연 재배'에 확신을 가지고 있으면서도 유기농법으로 농사짓는 사람들을 열린 마음으로 받아들이고 정중하게 대합니다.

실제로 가와나 씨는 많은 유기농가와 진심으로 협력하기를 바라고 있습니다. 가와나 씨는 여기서 한발 더 나아가 적극적으로 그들에게 다가가 손을 내밀고 말을 건넵니다.

내추럴 하모니 매장에서는 자연 재배 채소 외에 유기 채소도 판

레스토랑 '일수토(히미즈츠치)'가 있는 내추럴 하모니 긴자

자연 재배 채소를 사용한 레스토랑 '일수토(히미즈츠치)'의 요리

매합니다. 이것은 '자연 재배'로의 변신을 꿈꾸는 농가가 땅 만들기가 끝날 때까지의 긴 시간을 유기 채소 농사 등으로 최대한 버티고 있다고 여기기 때문입니다. 위에서도 언급했지만, 모든 밭이 일시에 자연 재배로 전환할 경우 땅 만들기 과정에 수확을 기대하기 어려워 10년 정도는 거의 수입이 없어진다고 봐야 합니다. 이 점이 '자연 재배'의 저변이 확대되는 데 가장 큰 걸림돌입니다. 그러므로 자연 재배 농가가 확실히 기반을 마련하고 성장하기 시작할 때까지 인내심을 갖고 묵묵히 지켜봐 주어야 합니다. 이런 고민의 연장 선상에서 가와나 씨는 100여 곳의 농가에서 채소를 구매해 판매하고 있습니다.

"가게에서 파는 유기 채소는 최소한의 규칙을 지키고 있어요. 제초제, 토양소독제, 화학비료를 사용하지 않을 것. 즉, 결과적으로 벌레가 생겨 어쩔 수 없더라도 농약을 사용해서는 안 된다는 거예요. 유기비료도 질소 과다(질소를 너무 많이 사용하는 것) 상태가 되지 않도록 해달라고 요청하고 있어요."

질소는 '인산', '칼륨'과 함께 비료의 3대 요소 중 하나입니다. 한데, 이 질소가 너무 많아지면 자칫 인체에 심각한 해를 끼치게 됩니다.

시금치, 쑥갓 등의 잎채소에는 '질산성 질소(질산태 질소도)'가 있습니다. 이것을 특히 어린아이가 지나치게 많은 양을 섭취하면

시장에 진열된 자연 재배 채소

자연 재배 채소와 유기 채소가 모두 있다.

'질소 결핍증'에 걸릴 위험이 있습니다. 미국에서는 '블루 베이비 증후군'이라고 하여 실제로 이 문제로 어린아이가 사망하는 사태도 벌어지고 있습니다. 어른에게도 위험하기는 마찬가지입니다. 질산성 질소가 사람의 몸속에서 육류나 어류와 만나고 단백질과 결합하여 '니트로소아민'이라는 발암물질을 만들기 때문입니다. 질소가 너무 많은 상태는 '자연의 상태'와는 거리가 먼 비정상적인 상태입니다. 또한, 너무 진한 녹색 잎이 자주 눈에 띄면 이것은 질소가 너무 많다는 신호로 보아도 무리가 없습니다.

인간은 자연과
어떻게 공생할 수 있을까?

'자연 재배'에 특별히 관심 있는 사람들이 나날이 증가하고 있습니다. '자연 재배' 채소의 맛을 제대로 본 사람은 멀리서 일부러 찾아와 사 간다고 합니다. 택배주문 고객도 꾸준히 늘어나고 있습니다. 가와나 씨의 책은 출간된 이후 입소문이 퍼지면서 베스트셀러가 되었습니다. '자연 재배'로 전환하고 싶다는 농가들의 상담도 끊이질 않습니다.

그러나 다른 한편으로 자연 재배 진행 상황을 한동안 지켜보

자는 움직임도 있습니다. 농가의 경영을 생각하면 어느 정도 환
금성이 필요하기 때문입니다. '소똥이나 생선가루 등을 사용한
무농약으로 맛있는 채소를 재배하면 그 또한 좋은 일 아닌가'라
고 생각하는 사람도 적지 않습니다. 물론입니다. 무농약 재배 또
한 꼭 필요하며 중요한 의미를 지니고 있습니다.

실은, 내가 먹고 있는 것도 일반적인 무농약 채소입니다(솔직히
가끔은 관행농법으로 재배한 채소도 먹습니다만). '자연 재배' 채소를 판
매하는 가게가 근처에 없어서이기도 하고, 맛있는 무농약 채소를
재배하는 농가를 여럿 알고 있기 때문이기도 합니다. 아무튼 농
업의 미래를 생각한다면 '자연 재배'를 무시해서는 안 됩니다.

인간은 단시간에 자연의 풍요로움을 파괴해버렸습니다. 숲의
나무가 잘려나가고, 강과 바다가 오염되고, 멸종 위기종이 기하
급수적으로 늘어났습니다. 생태계는 이제 더는 예전의 생태계가
아닙니다. 많은 농가가 여전히 농약을 쉴 새 없이 치고, 화학비료
를 거리낌 없이 사용하며, 자연에 반하는 채소를 길러냅니다. 그
뿐이 아닙니다. 흙과 지하수까지 철저히 오염시켰습니다.

흙과 지하수가 오염되면 우리 눈에는 보이지 않지만 많은 생명
이 사라집니다. 양질의 흙 1g에 수억 개의 미생물이 존재한다는
자연계. 아마 전국에 농지 생태계를 복원하는 일만으로도 상당
한 규모의 생물 다양성이 복원될 겁니다.

이런 의미에서도 모든 농가를 좀 더 신속하게 질 좋은 유기농업으로 바꿔가야 합니다. 자연에 가까운 자연농업, 자연 재배로 전환해야 합니다. 그렇게 하지 않는다면 더는 생명을 유지할 수 없게 될지도 모릅니다. 우리가 앞으로 좀 더 나은 사회를 만들기 위해 자연 재배를 받아들여야 하는 절호의 기회입니다. '자연 재배'에 관해 알면 알수록 누구나 절실함이 그만큼 더 커질 수밖에 없습니다.

우리는 본래 인간으로서의 삶을 어떻게 영위할 수 있을까요? 식량 자급률을 어떻게 끌어올릴 수 있을까요? 자연환경과 공생하며 어떻게 영농해야 할까요? 이러한 질문이 꼬리에 꼬리를 물고 이어집니다. 관행농업에서 무농약 재배나 유기농업으로 전환하는 사람들이 갈수록 많아지는 것은 어쩌면 당연한 결과입니다. 질소 과다 문제를 생각한다면 자연 재배가 주목받는 것은 당연한 흐름일 겁니다.

우리는 이제 자신의 건강뿐 아니라 아이들의 미래와 건강, 다음 세대 사람들이 살 수 있는 지구환경 등에 관해 심각하게 고민해야 합니다. 그렇지 않으면 농약이나 화학비료로 오염된 치명적인 환경에서 살아갈 수밖에 없게 될 겁니다.

우리 인간은 자연과 어떻게 공생할 수 있을까요? '환경교육'에 답이 있습니다. 이는 무의미한 탁상공론이 절대 아닙니다. 자연과 함께하며 자연 속에서 움직이는 일을 우리 몸에 밸 때까지 익히고 또 익히는 겁니다. 자연 속에서 자연과 진심으로 대화하고 하나하나 자연의 법칙을 배우고 깨우쳐 나가야 합니다. 자연의 섭리를 몸과 마음으로 체득한 사람들이 함께 일어나 비상식적이고 난폭한 세계를 변화시켜야 합니다.

가혹한 농업연수와
밭떼기 도매

가와나 히데오 씨는 열여섯 살에 스무 살이 된 친누이를 골육종이라는 암으로 떠나보냈습니다. 암 진단을 받은 뒤 5년여 시간 동안 가와나 씨는 누이와 함께 병원에서 지내며 온 힘을 다해 간호했습니다. 그러다 누이는 나중에 퇴원한 뒤 병원과 집을 오가며 치료를 받았습니다. 가와나 씨는 극한의 통증을 견디며 몇 번의 수술을 받는 동안 눈에 띄게 쇠약해져 가는 누이의 모습을 보면서 '왜 의학은 점점 더 발전하는데도 인간의 목숨을 살릴 수 없을까?'라는 의문을 품었습니다. 그러면서 그는 '나는 반드시 병으로 고통스럽게 죽지 않고 늙어서 편안한 죽음을 맞이하겠다!'고 다짐했습니다. 그러나 예민한 청소년기에 누이의 죽음으로 큰 충격을 받은 가와나 씨는 한동안 마음을 잡지 못하고 방황했습니다. 학업은 뒷전이고 밤에는 나이트클럽, 낮에는 서핑으로 시간을 보냈습니다. 그러나 곧 정신을 차리고, 다시 '건강'과 '먹을거리'에 관심을 두고 관련 책을 열심히 찾아 읽으며 하루하루를 지냈습니다.

어느 날 문득 가와나 씨는 농약 문제에 대해 '이상하다'는 생각이 들었습니다. '왜 사람이 먹는 채소나 과일, 곡식에 어떻게 40~50번씩이나 농약을 뿌릴 수가 있을까?' 한편 농약을 사용하지 않고 작물을 키우는 사람도 실제로 존재한다는 사실도 알게 되었습니다. 그 차이는 무엇일까요? 이를 깊이 파고들어 가면서 알아낸 것이 바로 '자연 재배'였습니다. 그 무렵, 가와나 씨는 난생처음 자연 재배로 재배한 당근을 먹고 그 채소가 가진 응축된 맛에 깊이 감동했습니다. 고쿠가쿠인 대학을 졸업한 뒤 그는 허브 티 회사에 취직했습니다. 그러나 얼마 지나지 않아 잘 다니던 회사가 갑자기 도산했습니다. 그는 자연 재배를 제대로 배우고 싶었습니다. 자연 재배 농가를 찾아가 그곳에서 연수받고 싶었습니다. 그는 자신의 결심을 실행에 옮겼습니다. 직장 다니며 벌어 놓은 돈 30만 엔을 모두 가지고 마음에 두고 있던 농가를 찾아가 "급여는 주지 않아도 되니 잘 곳과 먹을 것만 제공해주세요"라고 간절히 부탁했습니다. 지바 현에 있는 다카하시 히로시 씨가 운영하던 나리타 생산조합에 그 문하생으로 들어갔던 겁니다. 가나와 씨는 날마다 새벽 4시에 일어나 밤늦게까지 일했습니다. 날마다 중노동으로 혹사하는 환경에서 그는 몇 번이나 좌절했지만 '이대로 포기하거나 주저앉을 수는 없다', '무엇이라도 얻어가야 한다'고 다짐하고 또 다짐하며 끈기 있게 견뎌냈습니다.

어느 여름날, 가지밭에 굉장히 많은 진딧물이 생겨났습니다. 진딧물이 발생하는 이유는 아직 땅속에 비료가 남아 있기 때문입니다. 다카하시 히로시 씨는 가와나 씨에게 이렇게 말했습니다.

"천둥이 치면 불가사의한 일이 생기지!"

역시나 저녁이 되자 요란하게 천둥이 쳤습니다. 다음 날, 가지밭에 가보니 어쩐 일인지 가지에는 진딧물이 한 마리도 없고 땅바닥에 진딧물들이 수없이 떨어져 죽어 있었습니다. 천둥이 치는 단순한 자연현상만으로 진딧물이 떨어져 나간 걸 눈으로 확인하면서 가와나 씨는 큰 깨달음을 얻었습니다. 자연에는 인간은 미처 인지하지 못하는 심오한 세계가 있다는 것도 알게 되었습니다.

30만 엔의 돈도 모두 바닥나고, 가와나 씨는 1년간의 연수를 마쳤습니다. 도쿄에 돌아온 그는 은행에서 자금을 대출받아 중고 트럭을 한 대 샀습니다. 부모님의 완강한 반대를 무릅쓰고 중고 트럭에 자연 재배 채소를 싣고 다니며 판매하는 일을 시작했습니다. 그때 그의 나이 스물여섯 살이었습니다.

그러나 채소를 판매하는 일은 생각처럼 녹록하지 않았습니다. 온종일 마을과 마을을 찾아다니며 목청을 높여 외쳐도 채소는 거의 팔리지 않았습니다. 채소를 팔아 번 돈이 없다 보니 생산자에게 갚을 돈도 없었습니다. 팔다 남은 채소로 식사를 대신하며 하루하루 목숨을 부지하는 날들이 이어졌습니다. 부모님께 엄한 꾸지람을 들었습니다. 당시는 거품경제의 절정기였습니다. 인생 낙오자가 된 기분으로 절망하는 시간이 많았습니다. 외로움에 괴로워했습니다. 이 세상에 자기 혼자만 남은 것 같은 생각을 할 때가 많았습니다. 사람들이 보이지 않는 나무 뒤에 숨어 하염없이 울었습니다. 그러나 그는 이런 절망스러운 순간에도 포기할 생각은 하지 않았습니다. 누이는 간절히 살고 싶어 했지만 결국 세상을 떠났습니다. 그러나 '나는 아직 이렇게 살아 있지 않은가!'라고 생각하며 자신을 격려했습니다. 어느 날, 한 손님이 이렇게 말했습니다.

　　"이렇게 종류가 적으면 손님은 오지 않아. 더 팔 게 없는지 생각해보게."

　　당시 가와나 씨가 파는 채소 종류는 4~5종류에 불과했습니다. 그 무렵만 해도 아직 자연 재배 채소를 키우는 농가의 수가 워낙 적어 그 이상 준비하기가 어려웠습니다. '야오야(채소가게라는 의미)'의 '야오'라는 단어는 여러 가지 종류가 있다는 의미입니다. 그러나 실제로는 종류가 너무 부족했습니다. 고심하고 또 고심한 결과 '무농약, 무화학비료'로 제한을 두었던 것을 '무농약'까지 수용하는 것으로 바꾸었습니다. 당시에는 무농약만으로도 상당히 앞서가는 시대였습니다. 아무튼, 이것을 계기로 유기 채소 네트워크가 한결 넓어지고 중고 트럭 주위에는 채소를 사려는 고객들로 북적거리기 시작했습니다. 종류가 늘면서 매출도 조금씩 늘었습니다. 채소 판매를 시작한 지 3년쯤 지났을 때, "쌀가게 옆에서 채소 좀 팔아볼 텐가?"하고 주인이 말을 건네 왔습니다. 세 평 남짓한 좁은 공간이었습니다. 이것이 바로 '내추럴 하모니'의 시작이었습니다.

'자연 재배 법칙'으로
자기 안의 '독'을 제거한다

난생처음 작은 점포를 마련했을 때 예전에 방황하던 시절 친했던 후배가 가게 일을 도와주려고 찾아왔습니다. 어느 날, 가나와 씨가 가게를 돌고 있을 때 예기치 않게 사고가 났습니다. 도시 외곽으로 나간 후배가 운전하던 차가 건널목 안에서 옴짝달싹 못 하다가 그만 전차와 충돌하고 만 겁니다.

다행히도 전차에 탄 승객과 후배 모두 다친 덴 없었습니다. 그 대신 차와 전차는 크게 파손되었습니다. 세 시간 동안이나 전차가 멈췄고, 3만 5,000여 명의 사람들에게 큰 불편을 끼쳤습니다. 다음 날, 철도회사에서 5억 엔이 넘는 엄청난 금액의 청구서가 날아왔습니다. "그땐 정말 내 인생도 여기서 끝나는구나, 생각했지요" 하고 가와나 씨가 말했습니다. 그 후 일도 다 때려치우고 죽을 생각만 했습니다. 꿈도 모두 산산조각이 났습니다. 사는 것 자체가 너무 힘들고 피곤하게 느껴졌습니다.

이후 4개월간이나 심사숙고하며 고민하고 또 고민하다가 조용히 자신을 돌아보게 되었습니다. 그래서 결국 도달한 생각이 모든 것은 원인과 결과가 있다는 '자연 재배법칙'이었습니다. 생각해보면, 질병이나 벌레의 원인이 비료였던 것처럼 사고에도 '원인'이 있었습니다. 그게 대체 무엇이었을까요? 바로 자기 자신의 '마음 자세'와 '삶의 태도'라는 결론에 가와나 씨는 도달했던 겁니다.

그러나 여전히 암담했습니다. 앞이 보이지 않았습니다. 자연 재배 채소를 팔며 널리 알리려 애쓰는 일도 보람이 없었습니다. 힘만 들고 돈도 모이지 않았습니다. 미래도 불투명하기 짝이 없어 보였습니다. 마음속에 즐거움은 사라지고 불평하는 생각만 점점 커졌습니다. 그러나 그만둘 수가 없었습니다. 자존심이 상했습니다. 그렇게 극심한 마음의 갈등을 겪고 있던 가와나 씨는 공교롭게도 그 무렵 일어난 전차사고를 겪으며 자기 자신의 '마음 자세'와 '삶의 태도'에 문제가 있다고 생각하지 않을 수 없었습니다. 그러나 당장 다시 도전할 마음을 먹지는 못했습니다. '이미 배수진을 쳤으며, 겨우겨우 마지막까지 왔고, 이젠 더 지킬 것도 없다'고 생각했습니다.

지금까지는 지켜야 할 것이 많았습니다. 자존심도 강했습니다. 자존심이 바로 자기 자신이었으며 장래의 비전이었습니다. 가와나 씨는 그동안 자신이 허영과 위선에 젖어 있었다는 걸 알게 되었습니다. 마치 자신이 이 세상을 진심으로 걱정하고 위한다고 착각하며 살았다는 걸 깨달았습니다. 사람들이 별로 관심도 가져주지 않는 자연 재배 채소를 팔겠다며 마치 비극적인 영웅이나 된 것처럼 연기했다고 생각했습니다. 그는 자신을 냉철히 돌아보았습니다. 자신만이 '선'이며, 그것을 인정하지 않는 사회는 '악'이라는 흑백논리에 젖어 있었다는 것도 깨달았습니다. 자연계에는 선악이 없다고 말은 하면서도 정작 자신은 그 자연의 개념에서 크게 벗어나 있었다는 것을 알게 되었습니다.

가와나 씨는 자기와의 치열한 싸움을 통해 자신을 솔직히 대면하게 되었습니다. 그리고 마침내 그는 '과거의 자신'을 철저히 깨뜨렸습니다. 그리고 그는 완전히 새롭게, 그야말로 원점에서 자신을 냉철하게 보기 시작했습니다. 그 과정을 통해 지금까지 쌓아온 '갑옷'을 모두 벗어버릴 수 있었습니다. 그러자 갑자기 몸이 말할 수 없이 가벼워지고 어깨를 짓누르던 짐이 사라진 것처럼 홀가분했습니다. 새롭게 얻은 이런 자유가 그는 너무 좋았습니다. 일할 때도 선한 것이냐 악한 것이냐는 판단 자체를 하지 않게 되었고, 어떤 일이라도 감사히 받아들일 수 있는 마음 상태가 되었습니다. 다른 사람들이 '가와나 씨, 참 훌륭하네!'라고 생각하지 않아도 좋고, 머지않아 결혼해서 좋은 집에 살고 최고급 승용차를 타고 싶다는 생각도 하지 않게 되었습니다. 그러자 왠지 모르게 기분이 상쾌해졌습니다. 순간적으로 몸이 잔잔한 물에 떠 있는 것 같은 편안함도 느꼈습니다.

가와나 씨는 진실로 자신 안의 '독'을 제거한 것 같았습니다. 사람들 앞에서 자존심을 내세우는 일이 얼마나 무의미한지 깨달았고, 그동안 자신을 옥죄던 사명감으로부터 자유로워졌습니다. 마음이 말할 수 없이 편안해졌습니다. 그리고 이 사건은 자신의 내면에 도사리고 있던 '독'을 없애기 위한 정화작용이었다고 생각했습니다. 그는 지금 자신이 처한 환경에 감사하며 빚도 착실하게 갚아나가야겠다고 생각했습니다.

기적이 일어났습니다. 그다음 날, 어찌 된 일인지 전차 회사에서 청구를 철회하러 찾아왔던 겁니다.

가와나 씨는 다시 가게를 열었습니다. 이후 그는 매사에 억지로 뭔가를 하려 하지 않고 자연스러운 흐름을 따라가려고 했습니다. 그러자 자신을 좀 더 잘 보게 되었을 뿐 아니라 하루하루가 기쁨과 감사가 넘치는 나날이 되었습니다. 신기하게도 매출이 점점 가파르게 올라갔습니다.

"그 후 내겐 감사밖에 없었어요. 그런 기운이 전해졌던 걸까요? 자연 식품점이나 대형 슈퍼마켓 체인점과의 큰 규모의 거래도 시작하게 되었죠. 이 사건이 없었다면 아마 지금의 나는 존재하지 않을 거예요."

가와나 씨의 말입니다.

정말 맛있는 것은 혀가 아니라 몸의 세포 하나하나가 느낀다

다시, 자연 재배 이야기로 돌아가 볼까요? 내추럴 하모니가 몰두하는 한 가지 주제를 꼽아보라면 '균' 문제입니다. 본래 곳간 같은 곳이나 공기 중에 떠다니는 천연 균이 발효하여 된장이 됩니다. 또한, 일본에서 생산되는 대다수 발효식품은 천연 균의 힘이 아니라 화학 배양된 균입니다. 게다가 제조사들은 이런 균을 당연하다는 듯 사서 발효식품을 만듭니다. 실제로 천연 균으로 발효

식품을 생산하는 회사는 극소수에 지나지 않는다고 합니다.

가와나 씨는 평소 알고 지내던 의사에게 이런 충격적인 이야기를 전해 들었습니다. 이후 그는 그 의사와 함께 후쿠이 현의 마루가와 된장을 비롯한 전국 각지의 천연 균 발효식품을 부활시키는 일에 열정을 쏟았습니다. 그 대표작이 천연 균으로 만든 된장 '쿠라노 후루사토(곳간의 고향)'입니다.

"아이들에게 날마다 이 된장국을 먹이려고 해요. 미생물이 활동하기 시작한 뒤 1년이라는 긴 시간을 들여 쌀과 콩을 된장으로 만들어요. 이것은 자연의 재료와 시간으로 만들어낸 결과지요. 비타민과 효소, 아미노산 등의 물질이 뒤섞여 하나의 '세계'를 만들어낸 거랍니다. 그야말로 자연의 힘으로 만들어낸 완전식품이며, 그중 어느 하나라도 빠지면 안 되지요. 이 된장국 속에서 만들어진 '세계'가 있어요. 과장처럼 들리실 수도 있겠지만, 그건 하나의 '소우주'라고도 할 수 있어요. 이 자연이 빚어낸 멋진 작품이 우리 인간의 몸속에 스며들기를 진심으로 바라요."

가와나 씨의 말입니다. 그는 또 이렇게 얘기합니다.

"미네랄이나 비타민 같은 각각의 영양소를 인위적으로 만들어낸다 하더라도 그것만으로 된장이 만들어지진 않아요. 단연하건대, 인간은 된장을 만들 수 없어요. 자연이 만드는 거죠. 인간은 균 한 개도 자기 힘으로 만들 수 없어요. 균을 만드는 것은 미생물이며, 귤나무인 거죠. 그런데도 농가의 사람들은 '내가 생산자'라고 생각하는 경향이 있어요. 그런 식으로 말하는 사람을 보면 난 이렇게 얘기해주고 싶어요. '당신, 그거 생산하지 않았어요'라고 (웃음). 인간은 식물에게 열매를 나눠 받아 살아가는 존재이면서도 마치 자신이 그 위에 존재한다고 착각하기 쉬운 교만한 존재이기 때문이에요. 인간이 자연의 위에 서서 군림하며 지배하고 조정하려 한 것이 지금까지의 농업의 역사였어요. 그러나 이제 천천히 그 종말이 다가오고 있어요. 지금까지의 그런 잘못된 생활을 더는 연장해서는 안 되는 이유이기도 하죠."

그렇다면 실제로 자연 재배한 채소가 맛있을까요? 정확히 말하자면, 농작물 맛은 농가에 따라 천차만별이고 굉장히 다양하기 때문에 한마디로 단언할 수는 없습니다. 그러나 감히 말하자면, 자연 재배 채소는 '깊은 맛'을 지니고 있습니다. 그렇다고 무조건 진한 맛도 아니고, 너무 단맛도 아닌, 뭐랄까 '목 넘김'이 상쾌한 맛이라고 할까요. 온몸으로 자연을 받아들이는 그런 느낌이라고 할까요. 그 맛과 느낌을 정확히 표현해낼 마땅한 단어를 떠올리기가 어렵지만, 정말 맛있는 것은 혀로 느끼는 것이 아니라 몸의 세포 하나하나가 느끼는 것일지도 모른다는 생각이 듭니다. 그것을 알기 쉽게 체감할 수 있는 것이 자연 재배 채소입니다. 어쩌면 자연 재배 채소의 맛은 단지 '맛있다'라는 단어로는 제대로

천연 균으로 만든 된장 '곳간의 고향'을 사용해 끓인 된장국

담아내기 어려울 것 같습니다. 그보다는 '감동적이다'라는 단어가 좀 더 적합하지 않을까 싶습니다. '감동적이다'라는 표현에는 '맛있다'에는 없는 '감사'의 의미가 담겨 있으니까요.

게다가 자연 재배 채소는 '적재적소適材適所' 채소라고 할 수 있습니다. 비료를 사용한다면 어떤 장소나 종류라도 상관이 없습니다. 그러나 비료를 사용하지 않을 경우, 그 토지가 농작물에 적합하지 않으면 작물을 재배할 수 없습니다. 그 정도로 자연 재배는 매우 섬세하고 민감합니다.

'식물을 입고, 식물을 먹고, 식물과 함께 살아가자'

내추럴 하모니는 자연 재배를 전 세계로 확장해가는 것을 목표로 합니다. 가와나 씨는 이미 자연 재배가 어느 정도 자리매김해가고 있는 한국에 여러 차례 초대되어 농업 지도를 한 바 있습니다(한국은 국가 차원에서 자연 재배를 배우고 있다).

또한, 채소가게나 레스토랑 이외에도 자연 소재 직물로 양복을 취급하는 가게나 천연재료를 사용한 주택의 가공이나 인테리어 가게, 내추럴 화장품 숍 등 내추럴 라이프 스타일을 제안하는 일을 전반적으로 실행하고 있습니다. 즉, 먹을거리뿐만 아니라 의식주 전체를 제안하자는 겁니다. 십수 년 전 이러한 생각에 뜻을 같이하는 지인과 함께 이탈리아의 세계 최대 디자인 이벤트 '밀라노 사보네'에 디자이너로 출전하여 호평을 받기도 했습니다.

'도쿄 스타일'이라는 내추럴 라이프 스타일을 제안한 이 부스는 '식물과 같이 살아가자'라는 콘셉트로 '식물을 입고, 식물을 먹고, 식물과 함께 살아가자. 식물에 깃들여 있는 힘(능력)을 공유하자'라는 내용을 담아냈습니다. 서양은 돌의 문화로, 이와 같은 전시가 신기했던지 전시장에서 큰 주목을 받았습니다.

"어느 프랑스 사람들과 농산물에 관해 이야기할 때 가장 피부에 와 닿은 것은 반자연적인 서플리먼트supplement 문화였어요. 처음엔 깜짝 놀랐지요. 서플리먼트가 없으면 건강을 유지할 수 없다고 하여 나는 그것과 완전히 반대로 살아가고 있다고 말했어요. 더구나 30년간 약을 먹어본 적도 없다고 말했지요. 그러자 그는 나를 보고 여러 번 '미라클 보이!'라고 말했어요. 알고 보니 그는 프랑스 신문기자였어요. 다음 날 그는 자사의 신문 1면에 〈일본 유기 채소의 아버지〉라는 제목의 비중 있는 기사를 실었지요. 그 정도로 소개될 만한 내용은 아니었는데……(웃음)

식물에는 제각기 생명이 깃들어 있습니다. '대자연에는 신이 깃들어 있다'는 관점은 미국이나 유럽에서는 떠올리기 힘든 개념입니다. '그런 나라들에게 이런 관점을 전해주고 싶다'고 가와나씨는 말합니다. 또한 의식주의 '의'를 생각할 경우, 지금 남아 있지 않으면 안 되는 것이 '양봉업'입니다. 마 생산을 재개하는 일도 중요합니다. '천연재료가 지닌 잠재력입니다. 명주와 삼베는 일본 고대의 직물로 '생명'을 담고 있습니다. 따뜻하고 바람을 막아주는 효능 이상으로 몸과 의류가 하나 되는 느낌이 있기 때문입니다. 그것은 상쾌함을 줍니다. 비록 잘려진 나무라도, 혹은 삼베나 코튼이라도 아직 엄연히 살아 있기 때문입니다.

"나일론보다는 역시 명주가 좋다"라고 망설임 없이 말할 수 있는 미래를 내추럴 하모니는 지금부터 준비하고 있는 겁니다. 예전의 문화를 무조건 모두 남겨야 한다는 주장이 아니라 무엇을 어떻게 남기고 어떻게 엮고 고쳐서 새로운 나라를 만들어갈 것인지를 진지하게 고민해보자는 겁니다.

불필요한 노력도
필요할 때가 있다

동일본 대지진의 영향이었을까요? 관동 지방의 채소를 취급하던 내추럴 하모니는 커다란 타격을 입었습니다. 특히, 후쿠시마

제1원전 사고로 인한 피해는 매우 심각했습니다. 내추럴 하모니에 채소를 공급하던 100여 농가 중 일부는 출하가 정지되었습니다. 방사능 문제에 대해 내추럴 하모니가 당시(2012년 3월) 어떻게 대처했는지 간략히 정리해보자면 다음과 같습니다.

먼저, 출하 채소를 점검합니다. 안심 안전의 관점에서 취급하는 식재료를 정부 기준보다도 높게 책정하여 검사하는 것은 물론이고 농산물과 프라이빗 브랜드에 관해서는 20Bq/kg이라는 매우 까다로운 자사 기준치를 정해 대처했습니다. 또한, 독자적으로 제3기관에 검사를 의뢰했습니다. 신뢰할 만한 외부 정밀검사와 자사의 정밀검사를 병행 실시하여 효과적으로 대처했습니다. 모든 최신 데이터를 자사 홈페이지에 공개하여 혹이라도 꺼림칙한 생각이 드는 사람들은 확인해보도록 했습니다. 그 결과, 현재 대부분 채소가 방사성 물질 '불검출'로 나오고 있습니다. 그래도 여전히 신경이 쓰이는 사람은 자연 재배 산지를 직접 눈으로 살펴본 뒤 선택하게 했습니다. 그것은 소비자가 자유롭게 결정하면 될 일입니다.

"불필요한 노력도 필요할 때가 있는 법이에요. 이제부터 명확히 밝히고 따져봐야 할 것은 방사성 물질을 몸 밖으로 내보내는 배설 기능과 피해를 당한 세포를 복원하는 힘이라고 생각해요. 자연 재배는 본래 그 작물이 가진 힘을 최대한으로 끌어내는 농업이라고 인식하고 있지요. 또한 우리 몸속, 혹은 장 속에서 좀 더 활발히 발효가 일어나면 배출 능력이 높아지고 본래 인간이 가진 생명력을 최대한으로 보존하기 위한 힘이 생긴답니다."

가와나 씨의 말입니다.

결국, 자연 재배 채소는 대사 능력, 배출 능력과 수복 능력을 강화하는 기능이 뛰어난 농법입니다. 자연 재배 농지에는 벌레가 생겨나면 그것을 정화하는 자연 시스템이 '자연스럽게' 작동합니다. 이런 메커니즘으로 길러진 채소를 먹음으로써 체내에 들어온 것을 배설하고 수복함으로써 건강한 몸을 만든다고 가와나 씨는 말합니다. 이러한 방사성 물질과 농업의 문제는 아직 오랜 시간을 두고 철저히 조사하고 논의해야 필요가 있습니다.

가와나 히데오

1958년, 도쿄 도에서 태어났다. 지바 현의 자연 재배 농가에서 1년간 연수를 마친 후 내추럴 하모니를 설립했다. 자연 재배 채소를 널리 알리려고 이동 판매를 시작했다. 그 후 25년간 슈퍼마켓이나 레스토랑에 납품, 자연 식품관, 자연식 레스토랑을 열었다. 생산자와 소비자 모두를 대상으로 각종 세미나를 개최하고, 자연의 섭리에서 배우며 사는 법과 사는 방식을 보급하는 일에 힘을 쏟고 있다. 저서로는 『자연 채소는 썩지 않는다』『진짜 채소는 잎사귀가 옅은 색이다』『채소의 이면』『세상에서 가장 맛있는 채소』 등이 있다.

7

우유가 아닌 생유를 출하하는

기적의 목장

하세가와 다케히로 - 배려 목장

홋카이도 가사이 군 나카사쓰나이 무라

자연 그대로에 맡기는
완전 방목

채소를 중심으로 유기농 세계를 공부하면서 지금까지 '음식'에 관해 가지고 있던 의식이 백팔십도 달라지는 걸 경험했습니다. 부끄럽지만 고백하자면, 나는 일본에서 오랫동안 뿌리 내린 재래종 채소가 심각한 멸종 위기에 처해 있다는 사실, 우리가 즐겨 먹는 채소가 맛보다 모양을 중시하며 재배돼왔다는 사실을 인지하지 못한 채 살아왔기 때문입니다.

언젠가 나는 잡지 취재차 '최고 맛을 내는 우유'를 찾아 떠난 적이 있습니다. 그때 나는 본격 취재에 나서기 전, 사람들이 일반적으로 즐겨 마시는 우유를 조사해보았습니다. 왜냐하면, '우리가 일상적으로 마시는 우유가 정말로 맛있는 우유일까?'라는 의문이 불현듯 생겼기 때문입니다.

레스토랑의 셰프나 유기농 식품에 정통한 지인들이 맛있다고 추천해주는 우유를 대부분 사다가 마셔보았습니다. 그 결과, 운 좋게도 정말 깜짝 놀랄 만큼 맛있는 우유를 여러 종류 발견했습니다. 그중에는 소규모 목장에서 생산한 우유도 있었고, 대규모 상장기업에서 내놓은 우유도 있었습니다. 저마다 맛의 차이가 있고 장단점도 있지만 하나하나가 특별한 맛의 세계를 경험하게 해주었습니다. 작은 체험이었지만, 이 일을 통해 우유를 대하는 지금까지의 내 자세와 의식에도 어느 정도 변화가 일어나는 듯했습니다.

의식이 달라지자 내 앞에 이제까지와는 전혀 다른 세계가 활짝 펼쳐졌습니다. 어떤 회사에서 나온 우유에서는 놀라우리만큼 절묘한 크림 맛이 났습니다. 처음에 뚜껑을 열고, 나는 깜짝 놀랐습니다. 우유 윗부분에 하얀 덩어리가 떠 있었기 때문입니다. 이런 제품을 만나면 우유 맛을 잘 모르는 사람은 나처럼 깜짝 놀라서 '상한 우유'라고 생각하기 십상입니다. 알고 보니 그 덩어리는 상해서 생긴 게 아니라 '생크림'이었습니다. 한입 머금으면 폭신하고 부드러운 단맛이 입안에 확 퍼져나갑니다. '논 호모 제법'이라는 장시간 저온살균법으로 생산한 원래 우유는 시간이 조금 지나면 액체와 크림으로 분리됩니다.

'야마치 목장'이라고, 혹시 들어보신 적 있나요? 실은 내가 일일이 마셔보고 맛있다고 느꼈던 우유 대부분이 바로 산지 낙농을 하는 이 목장에서 나온 것이었습니다. 지금까지 마셔온 우유와는 달리 맑은 크림으로 진한 맛을 지니고 있습니다. 야마치 낙농은 지금 일본에서 가장 주목받는 낙농으로 넓은 산간지방에 완전 방목 방식으로 키우는데, '농후사료'(옥수수 등의 잡곡류)를 주지 않고 초목만 먹여 키우는 방법입니다. 겨울철에는 건초를 주고,

평상시에는 초원에서 자라는 풀을 먹이는 터라 사료는 전혀 필요하지 않습니다. 말하자면, 자연 그대로에 맡기는 겁니다. 완전 방목이므로 자연교배에 자연분만을 합니다. 송아지도 어미 소가 알아서 낳고, 어미 소가 자연과 함께 송아지를 키우는 겁니다. 놀라운 일이라고요? 아니, 놀라운 일이 아니라 매우 당연한 일입니다. 그런데도 이런 당연한 일들을 당연하지 않게 받아들이는 것이 우리의 현실입니다.

사실, 대부분 소들을 좁은 축사에 가둬놓고 키우는 것이 오늘날 일본 낙농의 엄연한 현실입니다. 이런 현실을 제대로 인지하기 전까지는 세상의 모든 젖소가 드넓은 목장에서 방목되어 자유롭게 목초를 먹고, 자라고, 자연스럽게 우유를 짜고 있다고 생각했습니다. 정말로 그렇다고 믿었습니다. 우유 광고나 텔레비전 드라마 등에 나오는 것처럼 목가적인 풍경일 거라고만 생각해왔던 겁니다. 그러나 현실은 그런 통념과는 달라도 너무 달랐습니다. 우리는 모르는 사이에 세뇌당하고 있었던 건지도 모릅니다. 20년 이상 미디어에서 기자로 활동한 나 같은 사람조차 감쪽같이 속을 정도로 말입니다.

조사하는 동안 '목장이 좋은가? 축사가 좋은가?'라는 양자택일의 문제가 아니라는 걸 명확히 알게 되었고, 무의식적으로 생각해온 이미지와 현실이 너무도 다른 걸 깨닫고 깜짝 놀랐습니다.

왜 그 식품은
그 가격에 팔리는가?

정말 심각한 것은 '과도한 착유', 즉 당장 눈앞의 이익을 위해 젖소를 혹사하고 여러 가지 무리수를 두면서까지 젖을 짜는 문제입니다. 이 문제를 심각하게 고민하던 나는 한 가지 의문을 품게 되었습니다. '왜 이렇게 우유 가격이 싼 걸까?'라는 의문이 그것이었습니다. 보통 우유는 슈퍼마켓에서 할인행사를 할 경우 1*l*에 150엔 정도에 팔립니다. 어떻게 우유 1*l* 가격이 광천수나 녹차 가격과 비슷할 수 있는지 이해가 가지 않았습니다. '원래 어미 소가 송아지 한 마리를 키우는 데 그렇게 많은 양의 젖이 필요하고, 또 실제로 나오는 건가?' '소가 그걸 견딜 수 있을까?' 낙농 하는 사람들도 이렇듯 싼 가격에 원유를 팔아 제대로 생활할 수는 없지 않을까?

생각해보면 꼬리에 꼬리를 물고 많은 의문이 생깁니다. '싸면 쌀수록 좋다'라는 생각은 근본적으로 잘못된 생각입니다. '싸면 좋다'는 생각은 자칫 '싸다면 그것이 무엇이든 상관없다'가 돼버리기 쉽기 때문입니다.

'왜 그 식품은 그 가격에 팔리는가?'와 같은 좀 더 근원적인 문제를 철저히 따져보는 태도가 중요합니다. 실제로, 우유를 놓고 세밀히 조사해보면 통상 15년 이상 사는 소들이 과도한 착유가 원인이 되어 5~6년 정도밖에 살 수 없다는 사실입니다.

이번 취재를 통해 홋카이도 가사이 군 나카사쓰나이무라에 있는 배려 목장의 '배려 생유'를 알게 된 것은 내겐 참으로 값진 소득이었습니다. 이 목장은 산지 낙농이 아닌 '계절 방목'과 축사를 조합한 새로운 형태의 낙농이며, 전 세계가 주목하는 독자적인 시스템을 갖춘 목장입니다.

내가 이 우유를 처음 만난 것은 신주쿠 이세탄 백화점의 우유 매장에서였습니다. 분홍색 귀여운 일러스트로 장식한 '배려'라는 이름이 시선을 끌었습니다. 나는 단 1초의 망설임도 없이 그 자리에서 당장 배려 목장의 우유를 사서 마셔보았습니다.

순간, 나는 지금까지 단 한 번도 경험해보지 못한 매우 독특하고 신선한 우유 맛에 그만 할 말을 잃고 말았습니다. 지금까지 다른 우유에서는 한 번도 느껴보지 못한 깊은 맛과 부드러움을 느낄 수 있었습니다. 마시고 난 뒤 끝 맛도 무척 깔끔했습니다. 뭐랄까. 우유를 마셨다기보다는 우유가 내 몸 구석구석 기분 좋게 흡수되는 것만 같았습니다.

문득, '이렇게 마음이 따뜻해지는 건 무엇 때문일까?' 하는 생각이 들었습니다.

착유가 아니라 100% 생유를
출하하는 목장

도카치 오비히로에서 차로 30분 남짓 달리면 광대한 목초지의 '배려 목장'이 나옵니다. 목장에 도착하자 하세가와 다케히로 사장이 따뜻하게 맞이해주었습니다.

경비 절감을 위해 사무실에 생유와 소프트 아이스크림 판매소를 같이 두고 있어, 인터뷰하는 중에도 손님들이 계속해서 들어오고 나갔습니다. 그때 내가 하세가와 사장에게 "배려 우유에 대해 들었습니다만……" 하며 말을 건네자 그는 씩 웃으며 "우리 우유는 100% 생유예요" 하고 대꾸합니다.

그렇습니다. 야마치 목장은 일본에서 유일하게 '생유'를 출하하는 목장입니다. 우리가 보통 마시는 우유는 농가에서 생산한 생유를 제조사에서 모아 살균한 뒤 가공한 제품입니다. 이 목장이 시작하기 전에는 생유를 그대로 시장에 유통시킨다는 건 상상도 하기 어려운 일이었습니다(100% 안전이 증명된 생유 유통은 전 세계적으로 이 목장이 거의 유일하지 않을까 싶습니다). 나는 이곳에서 비로소 난생 처음 소의 생유를 마시게 된 거였습니다.

"생유와 우유는 원료와 가공품의 차이만큼이나 큰 차이가 나지요. 혹은, 밀가루와 빵의 차이만큼이나 서로 다르다고 할 수 있

한가롭게 시간을 보내고 있는 축사   토카치 평야의 정 가운데 있는 목장

을 거예요. 우유는 안전성을 중시하여 살균하므로 젖이 본래 지
닌 성질도 전부 변해버리게 마련이거든요."

하세가와 사장의 말입니다.

<u>잡균이 거의 제로라</u>
<u>살균할 필요가 없는 생유</u>

이 목장의 생유는 잡균이 거의 제로인 우유이므로 살균할 필요
가 없습니다. 게다가 이 문제에 관한 한 이 목장에서 일하는 사람
들의 열정과 집념도 대단합니다. 생유를 병에 넣어 가공하기까
지 보건소의 도움이나 규제가 전혀 필요하지 않을 정도입니다. 완
벽한 제품만 고객에게 내보내야 한다는 신념을 하세가와 사장과
이 목장에서 일하는 사람들이 가지고 있기 때문입니다.

"우리는 날마다 충전기를 분해, 세척해요. 다시 조립하는 데 한
시간, 충전하는 데 한 시간. 하루 여섯 시간을 '설거지'하는 데 보
내게 되는 셈이죠.(웃음)"

이 목장이 대단한 이유는 이뿐만이 아닙니다. 하세가와 사장
과 이 목장에서 일하는 사람들은 뼛속 깊이 '배려'하는 마음을
가지고 있습니다. 그것은 이익 우선의 기업에서는 이해하기 어려

울 정도의 깊은 애정입니다.

느린 소들의 속도에
맞추는 사람들

"우리의 진정한 목적은 소들의 행복입니다!" 하고 하세가와 씨가
말합니다.

일본의 많은 소는 비좁은 장소에서 자유를 빼앗기고 기계처럼
혹사당하다가 죽어가고 있습니다. 그러나 이 목장에서는 무엇보
다 '소의 행복'을 우선시합니다. 목장 사람들도 진심으로 소를 사
랑합니다. 마치 자기 자식처럼 아끼고 위해줍니다. 생명에는 위아
래가 없습니다. 사람도 소도 마찬가지입니다.

소와 인간의 가장 큰 차이는 '속도의 차이'입니다. 소의 속도는
인간과 비교하면 매우 느립니다.

소는 어느 한 곳에 가고 싶어도 바로 갈 수가 없습니다. 느릿느
릿 목표를 향해 걸어갑니다. 소에게 무리가 되지 않는 부드러운
움직임입니다. 이 목장에서는 소와 같이 느긋한 속도에 맞춰 인
간이 행동합니다. 소의 개성을 존중합니다. 소들을 몰아치지 않
고, 착유소에 데려가지도 않습니다. '그럼, 어떻게 젖을 짠다는 거

지?'라는 생각이 들 정도인데요. 놀랍게도, 이 목장에서는 소가 자유롭게 착유소로 걸어 들어갑니다.

"소는 젖통에 우유가 차면 괴로워해요. 그러므로 젖을 짜는 장소가 불쾌하지 않은 이상 오히려 누군가 자신의 젖을 짜내주기를 바라지요. 우리 소들은 자기 의지에 따라 마음 내키는 대로 움직인답니다. 그리고 우리는 소들이 스스로 움직일 때까지 묵묵히 기다리는 거예요."

하세가와 사장의 말입니다.

인간이 할 일은 착유소를 쾌적한 공간으로 만드는 일입니다. 또한, 젖을 기계가 아닌 '손'으로 정성껏 짜주어야 합니다.

"소가 다른 누군가에게 자신의 젖을 만지게 하는 것이므로 한 마리 한 마리의 개성을 이해하고 각각의 짜는 법을 바꿔줄 필요가 있어요. 소들에게 있어서는 일종의 '수유'이므로 매우 중요한 시간이지요."

하세가와 사장의 말입니다.

놀라운 것은 소들을 위한 '잠자리 작업'입니다. 목장 직원들은 날마다 소들의 잠자리 작업에 힘을 쏟습니다. 청결한 모래를 깔아서 덮어주고, 소들이 잠자기 편한 각도와 일어나기 쉬운 각도까지 세밀히 체크하며 하나하나 정성을 들여 만듭니다. 모래를 깔아주는 이유는 잠 잘 때와 일어날 때 무거운 체중을 단번에 집중시키기 위해 체중을 흡수하는 모래가 건초보다 소의 부담을 적게 하기 때문입니다. 더욱 놀라운 것은, 소들이 여유롭게 잠잘 수 있도록 전체 소의 숫자보다 두 배나 많은 베드를 만든다는 겁니다. 덕분에 소들은 그날의 기분에 따라 자기가 좋아하는 곳에서 잠을 잡니다. 물론 여기에는 엄청난 비용이 들지만 하세가와 사장은 개의치 않습니다. 나폴레옹의 사전에 '실패'라는 단어가 없듯 이 목장의 사전에는 '경제 효율' 같은 단어가 없습니다. 오로지 '소의 행복'만이 중요할 뿐입니다.

"밤이 되면 우리 소들은 모두 잠을 잡니다."

하세가와 씨는 행복한 표정으로 말합니다. 살아 있는 생물이 밤에 자는 것은 당연한 일인데, 무슨 소리냐고 생각할지도 모르겠습니다. 그러나 실은 일반적인 목장에서는 모든 소가 동시에 잔다는 건 있을 수 없는 일입니다. 소가 숙면을 취하는 것은 잘해야 세 시간 정도라고 합니다. 그나마 그 비율도 전체 소 중 일부에 지나지 않으며, 심지어 선 채로 잠을 자는 소도 있을 정도입니다. 이것이 일반적인 목장의 밤 풍경입니다. 또한, 전체 베드의 수가 전체 소의 수보다 20% 정도 적은 곳이 대부분입니다.

밤마다 모든 소들이 숙면을 취하는 목장. 이 말 한마디로 충분하지 않나요? '배려 목장'에서 이렇듯 세심한 배려를 받으며 자란 소들이 신선하고, 맛있고, 몸에 좋은 우유를 생산하게 되는 건 마치 해가 동쪽에서 뜨는 일 만큼이나 당연한 일 아닐까요!

한 마리 한 마리가 다르듯
우유 맛도 제각각 다르다

"젖만으로 아이가 튼튼하게 자랍니다. 이 얼마나 위대한 일인가요! 생유는 인간이 살아가는 데 필요한 질소, 젖산균, 중요한 균류 등 많은 중요한 성분을 함유하고 있답니다."

비유하자면, 젖은 '엄마의 혈액'과도 같은 것입니다. 그러므로 '엄마가 무엇을 먹고 어떤 환경에서 살고 있는가?' '심리적 안정 상태는 어떠한가?' 등 세밀한 상태가 모두 그대로 젖이 되어 나옵니다. 소도 마찬가지입니다. 당연히 한 마리 한 마리가 저마다 다르므로 젖 맛도 제각각 다를 수밖에 없습니다. 그러므로 스트레스가 적고 늘 기분 좋게 지내는 소에서 나온 젖이 맛있는 건 당연한 일입니다. 그뿐만이 아닙니다. 그런 우유를 마시면 우리 몸과 마음에도 좋을 수밖에 없는 겁니다.

그러나 많은 목장에서 소를 착유소로 억지로 끌고 가 기름 짜듯 쭉쭉 짜내는 것이 현실입니다. 그런 아픈 기억을 가진 소에서 짜낸 우유가 몸에 좋을 수가 없는 겁니다.

막 태어난 송아지

"소에게 젖꼭지는 아주 중요한 부위예요. 이것을 기계를 동원해 난폭하게 짜낸다면 소는 굴욕감을 느끼고 공포에 떨 수밖에 없지요. 엄마가 아기에게 젖을 물릴 때를 생각해보세요. 소도 사람과 다르지 않답니다."

하세가와 사장의 가슴 절절한 말입니다.

"우리 소들은 사람들 곁에 붙어서 조용히 따라다녀요. 우린 절대 소몰이를 하지 않아요. 앞에 있는 소를 뒤에 오는 소가 따라오죠. 물론 따라오기 싫은 소는 따라오지 않고요. 모든 것이 자연스러워요. 소들이 모여 있는 장소에서 조금 떨어진 곳에서 내가 낮잠을 자고 있으면 우리 소들이 걱정스러운 얼굴로 보러 옵니다. 모두 모여들어 한참 동안 나를 쳐다보다 돌아갑니다. 살아 있는 생명은 다 그런 거거든요."

하세가와 사장이 흐뭇한 표정을 지으며 하는 말입니다.

'소는 유심히 인간을 바라본다'고 하세가와 사장은 말합니다. 그리고 '보는' 것보다 먼저 '느낀'다고 합니다. 예를 들어, 개가 낯선 사람의 모습이 보이지 않을 때까지 짖는다거나 꼬리를 흔드는 것은 어떤 기운을 느꼈기 때문입니다. 자연계에서는 '느끼지' 못하고서는 살아갈 수 없는 어떤 냉혹함 같은 것이 있습니다. 소들도 마찬가지입니다. "앞을 보고 있어도 뒤가 보인다"라는 말이 그런 맥락에서 나온 표현입니다. 조화롭게, 서로 맞춰가는 것이 제대로 된 커뮤니케이션인 겁니다.

우리가 인지하지 못한다 하더라도 동물들은 모두 훌륭하게 소통하고 있다는 겁니다. 비록 말을 하지는 못해도 동물들은 민감하고 세밀하게 그걸 느끼고 있는 겁니다. 그러나 우리 주위에는 제멋대로 자연을 판단하며 소중한 친구인 동물을 단순한 가축이나 자신에게 경제적인 도움을 주는 소유물로밖에 보지 않는 사람도 많습니다. 소는 이러이러하다고 자신의 편협한 잣대로 규정하고 판단하는 사람도 적지 않습니다. 참으로 애석한 일이 아닐 수 없습니다. 모든 동물은 우리 인간과 마찬가지로 소중한 생명이자 존중받아야 할 존재임에도 말입니다.

'배려 목장'에 사는 동물들은 자기가 다른 동물들과 서로 다른 종이라는 것을 느끼지 못합니다. 예를 들어, 축사에 개가 누워 자고 있어도 소는 전혀 신경 쓰질 않습니다. 심지어 개와 고양이가 서로 싸우지도 않습니다. 더욱 놀라운 것은, 하세가와 사장 자신도 소 무리의 일원이라고 생각하며, 목장에 있는 개나 고양이도 인간을 특별한 존재로 보지 않는다는 점입니다. 한마디로 말해 야마치 목장은 '생명'에는 위아래가 없고, 모두가 동등하며, 인간과 소를 비롯한 다양한 생명체들이 함께 낙원을 이루는 기적을 만들어가는 겁니다.

생명과 자연의 원래 상태로 되돌리는 것을
궁극의 목표로 삼다

소는 본래 대자연 속에서 한가롭게 풀을 뜯어먹고 사는 것이 행복하다고 생각하는 것이 자연스러울 겁니다. 그러나 반드시 그런 것만은 아닐 수도 있습니다.

잘 생각해보면, 대개 현대사회의 소는 인간과 오랜 세월 부대끼며 살아오면서 품종 개량을 너무 많이 해왔습니다. 욕심 많은 인간이 소들을 좁은 축사에 집어넣어 한꺼번에 많은 양의 우유를 짜낼 수 있도록 개량해왔기 때문입니다. 말하자면, 인간과 오래 공생하는 과정에 '젖 짜는 기계'로 전락해버린 겁니다. 그러므로 지금의 소는 원시 소와 비교했을 때 완전히 다른 방식으로 사는 동물이 되어버렸다고 할 수 있습니다.

야마치 낙농 방식을 완전히 부정하자는 것은 아닙니다. 궁극적으로 추구하는 방향성은 같습니다. 오히려 자연에 가장 근접한 낙농을 많은 역경을 이겨내며 올곧게 실천하는 야마치 목장과 하세가와 사장에게 진심으로 경의를 표하고 싶습니다. 하지만 '되돌아가는 속도'의 문제를 냉철히 생각해보아야 한다고 생각합니다.

하세가와 사장도 본래 소의 모습으로 되돌리기를 바라고 있습니다. 지금 살아 있는 생명이 각자 자기가 선 곳에서 행복을 추구하며 시나브로 원래 모습으로 되돌아가는 것. 많은 시간을 거쳐 인간의 형편에 맞게 개량되고 바뀌어왔으므로 원래의 모습으로 되돌아가는 데에는 그만큼 긴 시간이 필요하다는 얘기입니다. 하세가와 사장도 이 점을 명확히 인식하고 있습니다. 그는 '자신이 살아 있는 동안 완전히 되돌리는 것은 아무래도 무리'라고 말합니다.

"갓난아기에게 주는 젖의 몇십 배의 젖이 나오는 생명체가 존재하는 게 이상하다고 생각하지 않나요? 오늘날의 소에게는 풀만으로는 영양이 너무 부족해요. 인간이 의도적으로 그렇게 개량했으므로 갑자기 원시로 되돌아가 풀만 주는 것은 오히려 학대에 가까운 행위가 될 수도 있지요. 대량의 젖을 내도록 개량된 소들은 영양이 부족한 상태에서도 자신의 몸을 야위게 하면서까지 젖을 냅니다. 무릇 '어머니'는 그런 겁니다."

소가 자기 새끼한테 줄 젖밖에
나오지 않는 상태를 지향한다

'배려 목장'에서 소들은 풀만 먹고 삽니다. 그러나 이렇게 하기까지 무려 18년이라는 긴 시간이 걸렸다고 합니다. 1년 차에는 배합사료를 사용했고, 2년 차에는 배합사료를 끊고 필요한 곡물로 바꿨습니다. 그러나 '반드시 이렇게 할 것'이라는 식으로 말하지 않고, 그때그때 융통성 있게 소들의 상태에 맞춰 무리하지 않게 해왔습니다.

현재 목장이 만들어진 지 20년이 되었습니다. '배려 목장'의 소들은 착실하게 원시의 모습으로 되돌아가고 있습니다.

"현재 밖에서 생활하게 된 생후 4년 된 암소도 있습니다. 그리고 그 자식들도 태어날 때부터 밖에서 생활하는 터라 적응이 빠른 편이지요. 갑자기 원시 상태를 강요하지 않고, 지금 살아가는 상태를 이해하며, 현재의 행복을 최대한 추구하면서 '천천히' 되돌리려 하고 있어요."

하세가와 사장의 말입니다.

놀라운 것은, 일반적인 소의 유량과 비교할 때 배려 목장의 소는 절반 이하밖에 되지 않습니다. 오랜 시간을 거쳐 차츰차츰 자연의 우유로 되돌아가고 있는 겁니다.

"그러나 자연에는 딱 떨어지는 정답도 그럴 듯한 매뉴얼도 없어요. 방목의 약점도 많고, 역으로 축사에서 키우는 목장도 많아요. 하나를 보고 전체를 평가하는 건 위험한 일이에요. 따라서 우리는 '자신의 상황에 맞도록 한다', '늘 상대의 시선으로'라는 말을 금과옥조처럼 마음에 새기고 있어요. 예를 들어 소는 더위에 약하므로 더운 날엔 청결한 축사로 되돌아가게 합니다. 그러면 모든 소가 합의해주지요. 비가 내리면 '이 정도의 비는 괜찮아' 하고 가르쳐주기 때문이에요."

하세가와 사장의 말입니다.

앞서 말했듯, '배려 목장'의 목적은 '소의 행복'입니다. 그리고 그것은 광고에 나오는 가벼운 문구와는 의미가 전혀 다릅니다. '배려 목장' 직원들의 생각과 하세가와 사장의 살아가는 모습이 여기에 집약되어 있습니다. 최초에서 최고까지를 한눈에 보여주고 있습니다. 인간이 바꿔버린 소들의 행복이란 무엇인가를 진지하게 생각해볼 때 가능하다면 본래의 모습으로 되돌려주는 것일 겁니다.

"우리의 궁극적인 목표는 소가 자기 새끼에게 줄 젖밖에 나오지 않는 상태, 즉 생명체의 원시 상태로 되돌려주는 거예요. 그리고 그런 날이 오면 '미안하지만, 이제 더 팔 젖이 없습니다'라고 고객에게 말하는 거죠."

하세가와 사장이 웃으며 하는 말입니다.

팔 젖이 없으면 '배려 목장'은 당연히 문을 닫게 될 겁니다. 그러나 성공적인 비즈니스를 목표로 목장을 운영하는 것이 아니므로 그래도 괜찮다는 겁니다. 실제로 '배려 목장'은 유량만이 아니라

건강하고 행복하게 자라는 배려 목장의 젖소들

소의 숫자도 차츰 줄어가고 있습니다. 그런데도 그들은 경제성 같은 건 전혀 의식하지 않고 소들의 행복만을 추구합니다. 세상의 모든 기업은 이익을 추구하는 것이 당연한 목적이지만, 이 기업만은 예외입니다. 다행스러운 것은, '배려 목장'의 신념과 노력을 이해하고, 공감하며, 지지해주는 고객이 전국적으로 꾸준히 늘어가고 있다는 점입니다. 이런 독특하고도 특별한 목장을 잃고 싶지 않기 때문입니다. 이 목장이야말로 지금까지의 시대에서 가장 주목받을 만한 놀라운 장소이기 때문입니다. 그런 사람들의 뜨거운 갈망이 이 목장을 열렬히 지지하고 있습니다.

우리 목장은 14명 중
12명이 여성이다

실은, '배려 목장'은 소들을 배려하는 일 이외에도 많은 배려를 실천합니다. '소들을 배려하자, 고객을 배려하자, 환경을 배려하자, 상품을 배려하자, 동료를 배려하자'가 이 목장의 슬로건이자 운영 방침입니다. 또한, 이 목장은 낙농업계에 있어서 여성의 자립을 위해서도 많은 노력을 기울이고 있습니다.

'배려 목장'의 옛 이름은 '나카사쓰나이무라 레이디 팜'입니다.

'레이디', 그렇습니다. 이 회사의 스태프 중 상당수는 여성입니다. 최근에야 직원을 모집하는 농업생산법인이 늘어났지만, 오히려 여성이 농업을 하겠다고 마음먹어도 현실 가능한 장소는 그다지 많지 않은 것이 현실입니다. 일반적으로 여성으로서 농업에 종사하는 건 농가의 며느리뿐이라고 말해도 지나치지 않을 정도입니다. 여성에 있어서 농업이 자유롭게 선택할 수 있는 직업이 되는 세상. 여성도 한 평생을 걸고 낙농에 종사하게 되는 세상. 그런 세상을 만들고 싶다는 생각이 하세가와 씨를 움직였습니다.

하세가와 씨는 농업이 다른 어떤 직업보다 여성에게 맞는 일이라고 생각합니다. 농업은 '생명을 키우는 일'입니다. 물건이 아닌, 생명(어린이)을 무한한 애정을 갖고 돌보아야 하는 일인 겁니다.

"'배려 목장'은 소들이 무엇을 느끼는지를 같은 생명체로서 깊이 공감합니다. 어머니인 인간은 아기와 눈을 맞추며 대화하고, 매 순간 아기가 무엇을 원하는지 이해하려고 애쓰지 않나요? 소도 마찬가지예요. 상대를 사랑한다면 언어를 쓰지 않아도 무얼 원하는지 알 수 있지요. 언어를 사용하지 않아도 상대의 입장과 감정에 깊이 공감하면 진정으로 소통할 수 있답니다. 그건 식물도 마찬가지지요."

하세가와 사장의 말입니다.

낙농에는 수유, 분만, 보육 등 여성만 이해할 수 있는 분야가 뜻밖에도 많습니다. 소중한 생명에 애정을 품고 유심히 관찰하며, 소의 입장에서 알아보고 접촉하는 일이 가능한 여성이 낙농을 맡는 것은 매우 바람직한 일입니다. 하세가와 씨는 진심으로 그렇게 생각하는 듯했습니다.

　농업에 있어서 또 하나 중요한 것은 '소비자'입니다. 이것을 나는 '여성의 관점'이라고 부르고 싶습니다. 실제로 식품 구매자는 대부분 여성입니다. 그들이 먹고 싶어 하는 식품, 어린이나 소중한 사람에게 먹이고 싶은 식품 위주로 생산이 이루어질 수밖에 없습니다. 물론, 여성은 남성과 비교해서 체력적인 면에서 약점이 있지만, 그것은 여러 가지 방법을 동원하여 얼마든지 극복할 수 있습니다. '배려 목장'으로 이름이 바뀐 지금도 14명의 사원 중 무려 86%에 달하는 12명이 여성인 것은 바로 그런 이유에서입니다.

더불어 살며 짜는
자연의 젖

취재를 마치고 축사로 안내를 받았습니다. 여기가 '소의 낙원'이라는 걸 피부로 실감할 수 있었습니다. 이 목장의 소들은 방목하는 그룹과 축사에서 쉬는 그룹으로 크게 나뉘어집니다. 어떤 소든 자기가 걷고 싶은 대로 천천히 걷고, 느긋하게 풀을 먹으며 되새김질합니다. 말할 수 없이 평화롭고 조용한 풍경입니다.

소들은 사람이 곁에 와도 놀라지 않습니다. 아무렇지도 않게 여깁니다. 오히려 이쪽을 흥미롭게 쳐다보는 편입니다. 4~5마리의 소들이 같이 풀을 먹으며 나의 일거수일투족을 물끄러미 바라봅니다. 호기심 가득한 그 귀여운 검은 눈동자를 굴리며 말입니다.

맞습니다, 호기심! 이런 순수하고도 근사한 재능을 이 목장의 소들은 분명 지니고 있습니다. 이 목장에는 소를 소유물로 취급하며 지배하고 그 위에 군림하는 인간은 존재하지 않습니다.

어쩌면 소들은 단순히 귀엽고 사랑스럽기만 한 게 아니라 존경받아야 마땅할 존재일지도 모릅니다. 그 검고 동그란 눈동자를 오랫동안 유심히 바라보다 보면 이런 생각에 동의하게 될 지도 모릅니다. 소들은 우리 인간이 자연과 동물을 대해온 태도와 인식이 문득 부끄러워질 만큼 순수하고 숭고한 존재입니다. 지구를 아무렇지 않게 오염시키며 오만하게 살아가는 인간들보다 어쩌면 소들이 훨씬 더 신에 가까이 다가가 있는 게 아닐까요!

문득, 옆을 보니 네 마리의 소가 따스한 햇볕을 쬐며 낮잠을 자고 있습니다. 그 옆에는 대여섯 마리의 개들이 역시 잠을 자고 있고요. '모두들 어디에서 몰려온 걸까?' 그사이 그들 중 한 마리가 반갑게 꼬리를 흔들며 내가 있는 쪽으로 다가왔습니다. 나는 녀석을 가만히 안아주었습니다. 그러자 '나도 나도' 하며 잠자고 있던 개들이 하나 둘 깨어나서 내게 다가왔습니다. 아무런 경계심도 없이, 완전히 안심하고 있는 듯했습니다. 그런 모습은 이곳 야마치 농장이 소뿐만 아니라 모든 살아 있는 생명을 소중히 여기는 곳이라는 걸 잘 드러내 보여주었습니다. 문득, '배려 생유'를 처음 마실 때 스쳐가듯 마음이 따뜻해졌던 이유를 비로소 명확히 이해할 수 있을 것 같았습니다. 바로 하세가와 사장을 포함한 배려 목장 사람들이 간직한 따뜻한 마음, 그리고 이 목장에서 안심하고 살아가는 어미 소의 그 온화함에서 비롯된 것임을!

야마치 목장은 모든 생명에 대한 깊은 애정을 간직한 채 '자연의 젖'이라는 기적을 탄생시키고 있습니다.

하세아와 다케히코   1954년, 효고 현 고베 시에서 태어
났다. 일본 수의축산대학(현재 수의
생명과학대학) 졸업 후 홋카이도別海町
에서 신규 취농을 목표했으나 과도
한 노동으로 입원, 낙농을 포기하고
고베로 돌아가 샐러리맨으로서 재
출발했다. 상사의 연구직, 식품 회사
의 영업직, 병원 사무장 등을 거쳐
1991년에 홋카이도 도카치 군의 나
카사쓰나이 마을에서 신규 취농했
다. 2000년에 '나카사쓰나이무라
레이디 팜'을 설립했다. 2002년 5월
부터 무살균 우유를 제조, 택배 판
매를 시작했다. 2009년에 '배려 목
장'으로 이름을 변경했다.

삿포로

도쿄

교토 나고야
히로시마
오사카
후쿠오카

인류의 미래는 올바른 농업에 달려 있다

귤을 만드는 것은 인간이 아니라
미생물과 귤나무다

이 책에 소개한 농가 사람들은 농업의 '최전선'에 있는 사람들입니다. 그들 중 상당수가 미디어에 출연도 많이 했고, 업계에서는 이미 널리 알려진 유명인입니다. 그러나 그중 일부는 대중에 널리 알려지지 않았지만 매우 독특한 운영 방식과 시스템을 갖춘 농장을 운영하고 있습니다.

'최전선'이란 무슨 의미일까요? 굳건한 신념과 그 어떤 장애와 역경에도 굴하지 않겠다는 단단한 의지를 가진 사람을 뜻입니다. 다시 말하자면 농업 현장을 깊이 이해하고, 일본의 미래를 진정으로 걱정하며, 자신이 무엇을 어떻게 해나가야 할지를 진지하게 고민하며 자신의 길에 대한 희망과 확신을 품고 뚝심 있게 개척해온 사람들입니다. 최전선의 길은 혼돈과 실패의 연속입니다. 그러나 그들은 실패를 두려워하지 않습니다. 실패야말로 인간을 기르고 단련하여 단단하게 만들어주기 때문입니다. 여기에 등장하는 인물들은 실패를 통해 자신을 단련하며 '단단한 인생'을 살아왔습니다.

관행농업 전성시대 속에서 수십 년간 꿋꿋이 무농약 재배를 지켜낸 사람들은 자신이 사는 마을에서 '이상한 사람' 취급을 받곤

했습니다. 그들은 사람들이 뒤에서 아무리 손가락질해도 개의치 않고 시련을 이겨내며 신념을 굽히지 않고 지켜낸 사람들입니다.

예전에 어느 잡지에서 그런 특별한 농가들을 취재할 때 겪은 일입니다. 취재와 인터뷰가 모두 끝난 뒤 책 출간 준비 과정에 인터뷰이에게 특정 사실이 맞는지, 혹 내용에 이상은 없는지 확인하기 위해 전화를 걸어 부탁하자 "개의치 않습니다. 기자님이 잡지에 어떤 얘기를 쓰셔도 전 잃을 게 없으니까요"라고 이야기하며 웃었습니다. 이 한마디로 그가 어떤 삶을 살아왔을지 머릿속에 그려지는 듯했습니다. 뚝심 있고 예사롭지 않은 그의 인생이 통째로 내게 다가오는 느낌이라고나 할까요! 이런 사람이 매력 없기는 어렵습니다.

맛있는 채소와 농작물을 키우는 사람들은 인간적으로도 훌륭한 경우가 많습니다. 자신이 키우는 그 채소나 농작물들과 함께 단련된 인생을 살아온 사람들이기 때문입니다. 이런 사람들은 자신이 재배하는 채소와 농작물이 깊고 훌륭한 맛을 내게 할 수 있는 '기氣'를 가지고 있습니다. 오카야마 현 후지미에 시의 '비오 팜 마쓰키'의 마쓰모토 가즈히로 사장이 바로 그런 경우입니다. 마쓰모토 씨의 채소가 특별히 맛있는 것은 그가 지닌 매력이 그만큼 크기 때문이라고 해도 지나치지 않습니다. 흔들림 없는 신념과 단단한 의지를 지니고 있고, 자신에게 매우 엄격하면서도 누구 앞에서나 당당한 자세를 잃지 않는 것. 그런 그의 삶의 자세가 그가 재배하는 채소의 확실하고도 특별한 맛으로 나타났다고 믿는 겁니다.

'가루이자와의 유기농원 오루도 아사마'의 채소도 마찬가지입니다. 영하의 추운 날씨에도 시들거나 죽지 않는 두꺼운 한 장의 상추는 가네다 요시오 씨의 억척스러운 정신력에서 비롯되는 것이리라 생각합니다.

카리스마 농가 사람들은 모두 종교가의 자질이 있습니다. 그들의 한 마디 한 마디 말에서 자연과 깊이 있게 소통하는 진리를 발견하게 되고 상처받은 영혼을 치유하는 힘을 지니고 있습니다.

이 책에 소개한 가와나 히데오 씨도 마찬가지입니다. 농가보다는 도매상이 본업이고, 자연 재배를 세상에 널리 알리기 위해 많은 농가를 지지하며, 여러 권의 저서도 가지고 있는 가와나 씨가 남긴 명언이 기억에 남습니다.

"인간은 귤 한 개도 자기 힘으로 만들 수 없어요. 귤을 만드는 것은 미생물이며, 귤나무인 거죠. 그런데도 농가 사람들은 '내가 생산자'라고 생각하는 경향이 있어요. 그런 사람들에게 이렇게 말해주고 싶어요. '당신이 만든 게 아니다'라고."

이런 생각에 진실로 공감합니다. 우리는 그 어떤 것도 우리 힘만으로 만들 수 없습니다. 쌀도, 채소도, 과일도 모두 대자연이 우리에게 베풀어준 혜택입니다. 그것을 마치 자신이 지배하고, 통제하고, 조정해왔다는 착각에 빠져 잘못된 길을 걸어온 것이 우리 인간입니다. 그리고 농업 현실입니다.

이번에 소개한 농가들의 공통점을 하나만 꼽아보라면 모두 겸허하다는 겁니다. 그중에는 비즈니스적으로 큰 성공을 거둔 농가도 있고, 전국의 일류 셰프들이 경쟁적으로 사들이는 채소를 키우는 농가도 있습니다. 그들을 통해 배웁니다. 진정한 성공인, 그리고 거물들은 겸허하며 '선한 마음밭'을 가진 사람들이라는 것을.

세상은 험난하며 밭은 대자연의 변화에 좌지우지됩니다. 흉년에는 이를 깨물며 눈물을 참습니다. 혼자서는 아무것도 할 수 없다는 것을 그들은 잘 알고 있습니다. 인간은 대자연의 일부이며, 대자연의 혜택을 받지 않고는 살아갈 수 없는 존재라는 것을 그들은 뼈저리게 느끼고 있습니다. 그것이 이 책에 등장하는 특별한 농가들이 가진 장점이며 궁극의 지혜입니다.

바람과 비의 움직임을 느끼고, 흙과 함께 살아갑니다. 하늘에 작물을 심어야 하는 시기를 묻고 수확하는 타이밍도 배웁니다. 농업은 농작물을 통해 대자연의 신과 대화하는 샤머니즘적인 요소가 강한 업종입니다. 반대로, 신앙의 시작은 이와 같은 대자연과의 대화에서 시작되는 것이 아닐까 생각합니다.

이세의 신궁에서는 매년 1,500회 이상 축제가 열립니다. 그중에서도 신궁에 날마다 한 번씩 식사를 바치는 '일별조선어찬제日別朝夕大御饌祭'라는 축제가 있습니다. 1,500년간 비가 오나 바람이부나 그치지 않고 매일같이 이어온 축제입니다. 신의 식사인 '신찬神饌'과 밥과 소금과 물, 그리고 가다랑어포, 도미(계절에 따라서는 건어물), 다시마, 제철 과일과 채소, 술 등. 이 신찬을 조석으로 정성을 다해 조리해 바쳤다고 합니다. 그리고 이 축제가 집약된 것이매년 한 번씩 열리는 큰 축제인 '신장제神嘗祭'입니다.

정궁正宮의 신사에는 천황이 천거의 어전에서 자기가 키운 햇벼와 같이 전국에서 봉헌된 벼 이삭을 묶어서 겁니다. 그해의 햅쌀을 먼저 신에게 바치고 감사를 드립니다. 신과 자연의 것입니다. 태양의 신이며, 대지의 신이며, 산의 신이며, 바다의 신입니다.

이런 일본문화에는, 대자연이라는 신의 은혜에 감사하고, 그가 베푸는 혜택에 보답하려 애쓰며, 정성을 다해 봉양하는 훌륭한 정신이 뿌리 깊이 박혀 있습니다.

이세의 신궁에서 연중 행하는 축제 중 가장 큰 축제가 바로 이신상제이며, 그중에서도 가장 중요한 축제는 '유귀석대어찬由貴夕大御饌'입니다. '신들의 만찬회'입니다. 대자연이 내려준 은혜를 마음을 다해 조리하여 30종의 진수성찬을 신에게 바칩니다. 인간삶의 기본이자 가장 중요한 요소인 의·식·주 중 '식'을 특별히 중시하는 사고입니다. '식'이야말로 축제의 중심을 차지하고 있는 것입니다. 그것은 일본 문화의 가장 핵심 부분이기도 합니다.

우리는 날마다 대자연에서 얻는 혜택 중에서 특히 '식재료'의 은혜에 감사를 드리며, 그것이 조촐한 '수확제'가 되기를 기원합니다. 우리는 매일매일 받는 식탁에 감사드리면 그것이 바로 조촐한 '어찬제御饌祭'가 되는 훌륭한 문화를 갖고 있습니다. 다시 말해, 날마다 우리에게 제공되는 식사에 감사하며, 그 은혜에 대해 존경을 표하는 행위입니다. 이것이야말로 일본의 농업과 현대인이 잃어버린 소중한 보물이라고 생각합니다.

깊고 험한 산을 인간이 간섭하기 전 상태로
돌리는 것만이 살길이다

대자연은 우리 인간에게 소중한 식재료인 채소와 고기, 곡물 등을 내려줍니다. 이 오이는 비가 오고 바람이 불어도, 해가 내리쬐는 뜨거운 햇볕 아래에서도 건강한 흙의 은혜와 비의 은혜를 받으며 조금씩 자라온 하나의 중요한 '개체'입니다.

닭은 병아리 시절부터 뒤뚱거리며 돌아다니며, 날마다 신선한 곡물과 채소를 먹고, 하루 시작 무렵에 반드시 "꼬끼오" 하고 목청껏 소리 내어 웁니다. 닭은 우리 인간과 마찬가지로 청명한 아침을 보내온 소중한 하나의 '개체'인 겁니다.

각각의 생명에게는 자기만의 인생이 있고, 행복이 있으며, 만족이 있습니다. 그리고 그들만이 바라보는 '풍경'이 있습니다. 그것을 이해할 수 있어야 합니다. 그들은 우리 인간과 마찬가지로 지구에 태어난 소중한 '생명'입니다. 우리와 같은 하나의 소중한 '존재'입니다. 이 사실을 잊지 않는 것이 중요합니다.

고맙고 밝게 받습니다. 맛있게 먹습니다. 하루하루의 생활에 감사하며 자신에게 주어지는 일에 최선에 다합니다. 그 최선을 '그들'에게 바칩니다. 자신과 일체가 된 그들과 하루하루를 즐겁게 살아갑니다.

그들은 '자신'이 됩니다. 그들이 되어서 행복을 느낍니다. 그것은 그들의 일생에 보답하는 것입니다. 반드시 그렇습니다.

동일본 대지진 직후, 도쿄에서 '배려 목장'의 하세가와 씨와 다시 만났습니다. 참혹한 재해로 죽어간 사람들을 위해 헌신하고, 오늘도 절망이 되어버린 땅을 회복시키기 위해 온 힘을 다하는 사람들을 위해 우리는 무얼 할 수 있을까요? 하세가와 씨는 "자신이 느끼는 대로 하면 된다"고 말합니다. 그들의 생각을 이어받아 좀 더 나은 세상을 만들기 위해 전력투구하는 겁니다.

그들과 '함께'한다는 것을 느끼며, 인간으로서, 그리고 인간 이외의 살아 있는 것들에 있어서도, 좀 더 훌륭한 사회를 만들 수 있도록 격려하는 것이 우리가 해야 할 일입니다. 매일매일 자신에게 주어진 사명에 최선을 다하며 살아가야 합니다.

우리가 절대로 잊거나 놓쳐서는 안 될 것은 인간 이외의 생명체들입니다. 뉴스에서는 제대로 다뤄지지 않았으나 이번 지진에서 셀 수 없이 많은 존재가 소중한 생명을 잃었습니다. 개나 고양이를 시작으로 소, 돼지, 닭 등 많은 목숨이 안타깝게 끊어졌습니다. 그들에게 벌어졌던 참혹한 일을 가볍게 지나쳐버리지 마시기 바랍니다.

"인간이 제멋대로 하고 싶다는 욕망이 가장 큰 위험요소라고 생각합니다. 그것은 점점 높아져서 자칫 자신에게만 좋은 상태를 만드는 것이 목적이 되어버리기 쉽습니다. 모든 사람이 자기 생각대로만 하려고 한다면 세상은 어떻게 될까요? 이것은 절대로 용납할 수 없는 일입니다. 그러나 무슨 까닭인지 모두가 자기 일에만 목을 맨 채 살아갑니다. 이는 명백히 잘못된 일입니다. 결국 우리는 약 70억 분의 1에 지나지 않는 존재이며, 지구와 우주의 기나긴 역사 중에서 찰나에 가깝게 짧은 시간만을 차지하는 정말 미미한 존재에 지나지 않습니다. 미생물이 인간보다 더 낫다는 말이 아닙니다. 미생물이나 인간이나 모두 '미미한 생명'이라는 의미에서는 마찬가지라는 말입니다."

동북 지방에서 지진 직후, 구호물자를 받기 위해 줄 서 있는 사람들이 클로즈업된 적이 있습니다. 다른 나라 사람들은 이런 긴박한 순간에조차 자신의 욕망을 이성으로 누르고 질서를 지키는 일본인을 보며 놀랐습니다.

　　원래 일본인은 세계에서도 보기 드물게 인내심이 강한 민족입니다. 개인이 자기 생각대로 뭔가를 하고자 하는 발상이 가장 적은 민족입니다. 전 세계적으로 여전히 종교전쟁이나 민족전쟁이 한창 벌어지고 있지만 일본은 놀라울 정도로 관용성이 높은 나라입니다. 이러한 일본인의 자랑스러움을 더욱더 적극적으로 세계에 전할 때가 머지않아 오리라 생각합니다. 또한, 자연과 진정으로 공존하기 위해 우리는 원래 세상으로 돌아갈 때가 언젠가 다가오리라 생각합니다.

　　깊고 험한 산을 인간이 간섭하고 통제하기 전 본래의 숲으로 되돌립니다. 나무를 제멋대로 솎아내거나 베어내지 않고, 얼핏 보면 무질서해 보이나 자연스러우며 오히려 절묘한 질서를 갖춘 원래 상태의 삼림이 되도록 돕습니다. 마을에는 잡목림을 만들고, 누구나 살고 싶어 할 만한 장소로 만듭니다. 가축이라 불리는 살아 있는 생명체들을 지배하지 않습니다. 각각 이름으로 사랑받으며 기분 좋게 살아가도록 배려합니다. 오히려 그들의 은혜를 받습니다. 고마운 마음을 잊지 않습니다. 명백히 자연과 인체에 악

영향을 끼치는 농약 사용을 즉각 멈춥니다. 무농약으로 재래종 채소를 심어 자가 채종합니다.

'농사'를 중심으로 커뮤니티를 만들고, 풍작일 때는 모두가 함께 즐거워합니다. 흉작일 때나 괴로운 일이 닥칠 때는 모두가 위로하고, 격려하고, 응원해줍니다. 자연에게 얻은 것을 모두가 소중히 간직하고, 남보다 더 많이 가지려는 욕심을 버립니다.

방법은 간단합니다. 꾸준히 실천하면 머지않아 실현될 겁니다. 반드시, 이 세상은 긍정적인 방향으로 변화해갈 겁니다.

이것이 바로 '전체'로서 살아가는 길이며, 지금까지 자연을 위해, 세상을 위해 자신을 헌신한 모든 존재에게 보답하는 길이라고 생각합니다. 우리는 진정 하나이기 때문입니다!

2012년 3월

마쓰타로 사쿠라

참고문헌

『농사는 장사!』 마쓰모토 가즈히로
(아르즈 출판)

『비오 팜 마쓰키 밭에 앉아 채취한
채소 레시피』 마쓰모토 가즈히로
(학연 퍼플리쉬)

『모두, 하느님이 데리고 오셨다』 미
아지마 노조미(지류사)

『자연의 채소는 썩지 않는다』 가와
나 히데오 (아사히 출판사)

『대부분의 채소는 색이 옅다』 가와
나 히데오 (일본 경제 신문 출판사)

『채소의 이면』 가와나 히데오 (동양
경제 신문사)

『세상에서 가장 맛있는 채소』 가와
나 히데오 (일본 문예사)

바꾸는 삶을 살기 위하여

저는 음식을 만들고, 또 학생들에게 음식 만드는 법을 가르치는 일을 하고 있습니다. 날마다 식재료를 만지고 다듬고 요리하다 보니 한 가지 깨달은 것이 있습니다. 궁극적인 맛은 식재료 자체에서 나온다는 것입니다. 저는 그 본연의 맛을 내는 음식을 맛볼 때마다 깊은 감동을 느끼곤 합니다. 사람도 마찬가지인 것 같습니다. 자신이 해야 할 일을 거짓 없이 묵묵히 해나가는 사람을 볼 때에 무한한 감동을 느낍니다.

그런데 식재료의 원천이 되는 농사일 뉴스를 들을 때마다 착잡한 마음을 감출 수 없습니다. 이 책의 프롤로그에서는 일본 관행농업의 실태를 고발하고 있지만, 우리 나라 또한 다를 바 없다고 생각합니다. 농약, 항생물질, 호르몬제 등의 과다 사용으로 얼룩진 농산물 소식을 들을 때마다, 농업은 더 이상 "생명의 근원이며 삶을 지탱해주는 가장 근본적인 인간 행위"가 아니라 그 어떤 것이든 상관없이 그저 최대 이윤을 뽑아내면 그만이라는 극도의 경제 행위가 된 것 같아 마음이 무겁습니다.

저는 종종 이렇게 자문하곤 합니다. 어떻게 하면 건강한 삶을 살 수 있을까? 그런데 이 질문은 저뿐만이 아니라 모든 사람의 고민이라고 생각합니다. 무엇보다 건강한 삶을 위해서라면 건강한 음식을 먹어야 하고, 그러려면 건강한 식재료가 나와야 합니다. 건강한 식재료는 거저 얻어지는 것이 아닙니다. 건강한 토양, 건강한 재배, 건강한 유통이 잘 맞아야 합니다. 거기에 농업을 그저 무조건적인 돈벌이로만 보지 않고, 더불어 사는 삶을 공유하는 방식이라는 생각이 필요합니다.

이 책은 일본에서 관행농업을 반대하고 아주 독특한 방법으로 농업을 하고 있는 일곱 농가와 그들의 삶을 소개하고 있습니다. 일본 나라 지역에서 전통채소를 복원하고 재배함으로써 공동체를 회복한 이야기에서부터 느릿느릿한 소들의 삶에 사람의 삶을 맞춰 살아가는 이야기까지, 농업을 통한 새로운 삶의 방식을 살아가는 사람들 이야기를 담고 있습니다.

이들에게 땅은 치유의 공간이며, 모두가 함께 사는 곳이며, 미래를 꿈꾸는 터전입니다. 이제 거의 사라져가는 "공동체"와 "연대"라는 말은 이곳에선 여전히 꿈틀거리며 살아 있는 아주 자연스러운 말입니다. 이 책에는 사람과 사람이 더불어 살고, 사람과 환경이 더불어 살고, 재배물이 사람을 보듬는 농업이 담겨 있습니다. 더 적게 벌더라도, 조금 느리게 가더라도 서로를 배려하고 보살피는 아름다운 삶의 모습이 담겨 있습니다.

농촌과 농업을 기피하는 현상은 오래되었습니다. 그리고 농촌 인구도 갈수록 줄어들고 있습니다. 하지만 한편으로는 귀농, 귀촌하는 젊은 사람들이 늘어나고 있는 것도 사실입니다. 그분들 중에서 관행농업이 아닌 자연농이나 유기농에 관심을 가진 분들이 많다는 소식을 들었습니다. 정말 반가운 소식입니다. 지금 이렇게 노력하는 분들 덕분에 우리가 받을 미래의 식탁은 건강하게 바뀌리라 믿습니다. 이를 통해 농촌에 더 많은 사람들이 살게 되고 더 많은 사람들이 건강한 농업을 할 수 있으리라 꿈을 꿉니다. 많은 분들의 수고와 노력에 저의 작은 마음을 보탭니다.

2017년 1월

청강문화산업대학교에서 역자

미래를 바꾸는 농장·목장·레스토랑 리스트

이 책에 실린 분들의 상품을 실제로 살 수 있다. 먹을 수 있는 레스토랑 & 숍이다.
모두 직영점만 소개했으나 이 밖에도 취급하는 가게가 있다.

기요스미노사토 아와

레스토랑
기요스미노사토 아와
나라 현 나라 시 다카히초861

TEL 0742-50-1055

🕐 11:45-16:00 (LO 15:30)

www.kiyosumi.jp/awa

레스토랑
아와 나라마치 지점
나라 현 나라 시 쇼나미초1

TEL 0742-24-5699

🕐 LUNCH 11:30-15:00 (LO 14:00)

　　 DINNER 17:30-22:00 (LO 21:00)

🕐 화요일 휴무

www.kiyosumi.jp/awa/awa-naramachi/

가루이자와 유기농원 오루도 아사마

인터넷 택배 서비스

나가노 현 키타사쿠 군 카루이자와마치
센가타키니시쿠 나가쿠라

www.ortoasama.com

배려 목장

인터넷 택배 서비스
오모이야리 파무
홋카이도 가사이 군 나카사쓰나이무라
니스쓰다 아즈마2센163-10

TEL 0155-68-3137

www.omoiyari.com

비오 팜 마쓰키

인터넷 택배 서비스

비오 팜 마쓰키

시즈오카 현 후지노미야 시 오시카쿠보
939-1

TEL 0544-66-0353

www.bio-farm.jp

레스토랑

레스토랑 비오스

시즈오카 현 후지노미야 시 오시카쿠보
939-1

TEL 0544-67-0095

☉ **LUNCH** / 11:30-14:30(LO)

　　DINNER / 17:00　20:00 (LO)

☾ 화수요일 휴무

www.bio-s-net

레스토랑

Le Comptoir de Bio-s

시즈오카 현 시즈오카 시 코야마치
아오이구 12-8

TEL 054-221-5250

☉ **LUNCH** 11:30-15:00 (LO14:00)

　　DINNER 17:00-23:00 (LO22:00)

　　일, 공휴일 17:00-22:00 (LO21:00)

☾ 월요일 (공휴일의 경우 다음날)
　 4번째 화요일 휴무

델리카 댓세

비오델리

시즈오카 현 후지노미야 시 키타마치 7-16

TEL : 0544-22-1439

☉ 11:00-18:00

☾ 수요일 휴무

www.bio-deli.com

애플민트 허브 농원

관광농원 / 택배 서비스

애플민트와 허브 농원

구마모토 현 아소 군 미나미오구니초
만노지 312

TEL 0967-42-1249

☾ 동계휴업 (1~3월)

http://bees-knees.info/applemint/

레스토랑

자연식 레스토랑 가제노모리

구마모토 현 아소 군 미나미오구니초
만노지 312

TEL 0967-42-1553

☾ 화요일 휴무

http://bees-knees.info/kazenomori/

공동학사 신토쿠 농장

인터넷 택배 서비스

공동학사 신토쿠 농장

홋카이도 가미가 군 신토쿠초
아자신토쿠 9-1

TEL 0156-69-5600

www.kyodogakusha.org

카페 & 샵

공동학사 신토쿠 농장
민타루

☉ 10:00-17:00 (LO 16:30)

☾ 하기 (4월~11월) 무휴

　동기 (12월~3월) 일요일

　음식스페이스 화요일 휴무

내추럴 하모니

택배 서비스
내추럴 하모니 트러스트
치바 현 야마시타 시 야치마타 호-661-1

TEL 043-440-8566

www.naturalharmony.co.jp/trust/

숍
내추럴 하모니
내추럴 하모니 카가시노유메
도쿄 시 타마 구 세키도 1-10-10

TEL 042-337-4808

⊙ 11:00-20:00

✆ 연중무휴 (정월 제외)

내추럴 하모니 시모우마 본점
도쿄 시 세타가야 구 시모우마

6초메-15-11

TEL 03-3418-3518

⊙ 11:00-20:00

✆ 일요일 휴무

내추럴 하모니 다마쓰스미 지점
도쿄 시 세타가야 구 다마즈쓰미

2초메-9-9

TEL 03-5758-5368

⊙ 11:00-18:00

✆ 일요일 휴무

내추럴 & 하모니 긴자

도쿄 시 추오 구 긴자 1-21-13

레스토랑
레스토랑 일수토 HI MIZU TUCHI (2층)

TEL 03-3562-7720

LUNCH / 11:30-14:30(LO 14:00)

DINNER / 18:00-22:30(LO 22:00)

✆ 일, 월요일 휴무

양과자
파티세리 뉴이 (1층)

⊙ 11:00-21:00

✆ 일요일 휴무

숍
유이 시장 (1층)

TEL 03-3562-7719

⊙ 11:00-21:00

✆ 일요일 휴무

내추럴＆하모니 레이크 사이드

사이타마 현 코시가야 시 모리레이크타운
1층 가든워크

레스토랑
레스토랑＆카페 타네노이에種の家

TEL 048-930-7285

☉ **LUNCH**/ 11:30-15:00 (LO 15:00, 뷔페는
15:30까지)

　CAFE/ 15:00-18:00

　DINNER/ 18:00-23:00 (LO 21:00, 뷔페는
21:30까지)

※ 10:00-11:30 드링크만 가능

☾ 연중무휴

샵
그라노

TEL 048-930-7286

☉ 10:00-22:00

☾ 연중무휴

내추럴＆하모닉 프란츠

카나가와 현 요코하마 시 쓰즈키 구
나카가와치 1초메-25-1
northport 몰 지하2층

레스토랑
레스토랑＆카페 코아

TEL 045-914-7507

☉ **LUNCH**/ 11:30-14:30

　CAFE/ 14:30~17:00 (토일 공휴일만 영업)

　평일DINNER/ 17:00-21:00 (LO20:30)

　토일공휴일DINNER/ 17:00-22:00 (LO
21:00)

샵
FARMERS

TEL 045-914-7505

☉ 10:00-21:00

☾ 연중무휴

옮긴이 **황지희**

일본 오사카 아베노쓰지(あべの辻調) 조리전문학교를 졸업하고 성신여대에서 식품영양학 박사학위를 받았다. 현재 청강문화산업대학 푸드스쿨 조리전공 교수로 재직하면서 건강하고 수준 높은 음식문화 연구에 힘쓰고 있다. 또한 한식 세계화 메뉴 개발과 푸드스타일링 교육, 해외 한식당 컨설팅 등을 통해 세계에 한국 음식을 알리고 있다. 저서로는 『음료의 이해』(공저), 『생선 해산물 건강사전』, 『산소 같은 먹거리』 등이 있고, 역서로는 『우리 몸에 좋은 음식 대사전』, 『몸에 좋은 생선 사전』, 『똑똑하게 먹는 50가지 방법』, 『몸에 좋은 음식물 고르기』, 『당뇨병에 좋은 15만 가지 식단』, 『간장병에 좋은 15만 가지 식단』 등이 있다.

혁명은 장바구니에서

너와 나를 살리는 먹을거리로 새로운 미래를 가꾸는 일곱 농부 이야기

1판 1쇄 펴냄 2017년 2월 2일

1판 2쇄 펴냄 2017년 3월 20일

지은이 마쓰타로 사쿠라

옮긴이 황지희

펴낸이 정성원 · 심민규

펴낸곳 도서출판 눌민

출판등록 2013. 2. 28 제2013-000064호

주소 서울시 마포구 월드컵로10길 37, 서진빌딩 401호 (04003)

전화 (02) 332-2486   팩스 (02) 332-2487

이메일 nulminbooks@gmail.com

한국어판 ⓒ 도서출판 눌민 2017

Printed in Seoul, Korea

ISBN 979-11-87750-01-7 03520

• 이 도서의 국립중앙도서관 출판예정도서목록(CIP)은 서지정보유통지원시스템 홈페이지 (http://seoji.nl.go.kr)와 국가자료공동목록시스템(http://www.nl.go.kr/kolisnet)에서 이용하실 수 있습니다. (CIP제어번호: CIP2016027043)